数学四色问题证明

The Proof of the Four-Color Problem

徐俊杰　著

西北工业大学出版社

【内容简介】 本书详细地介绍了四色问题的数学证明方法,即在证明了三次平面图形成定理、边二色回路定理和面二色通路定理的基础上,进而证明了四色问题成立.这些证明的思路和方法,对于启发人们数学思考的多样化和推动基础数学研究的发展是大有益处的.

本书适合大学生、研究生、大学教师和数学研究人员等阅读.

图书在版编目(CIP)数据

数学四色问题证明/徐俊杰著 . 一西安:西北工业大学出版社,2012.3
ISBN 978-7-5612-3325-2

Ⅰ.①数… Ⅱ.①徐… Ⅲ.①四色问题 Ⅳ.①O157.5

中国版本图书馆 CIP 数据核字(2012)第 034578 号

出版发行:西北工业大学出版社
通信地址:西安市友谊西路 127 号　　邮编:710072
电　　话:(029)88493844　88491757
网　　址:www.nwpup.com
印　刷　者:陕西向阳印务有限公司
开　　本:727 mm×960 mm　　1/16
印　　张:6.375
字　　数:73 千字
版　　次:2012 年 3 月第 1 版　　2012 年 3 月第 1 次印刷
定　　价:19.00 元

前　　言

　　多年来,我在他人研究成果的基础上,对四色问题进行了深入的研究.这里,根据自己的研究记录,把对四色问题的数学证明方法尽可能详细地写出来,便于大家了解.

　　同时,根据自己的研究体会,认为对于四色问题这样的数学难题,只有从它本身的特点出发,去认真地研究和分析三次平面图的形成等问题,才有可能找到证明它的数学方法.

　　当然,人的认识是一个不断深化的过程,在探索过程中总会有些错误或者不完善之处的.然而,只有在这种不断探索和不断完善的过程中,才能逐步地接近真理,并最终使之确立起来.对于书中的不足之处,欢迎大家提出宝贵的意见.

徐俊杰

2011 年 6 月 10 日于成都

http://xujunjie228.blog.163.com

E-mail:xujunjie228@163.com

目　　录

第1章　预备知识 ……………………………………………… 1

1.1　图的基本知识 …………………………………………… 1

1.2　平面图 …………………………………………………… 4

1.3　平面图的着色 …………………………………………… 9

1.4　几个定理 ………………………………………………… 11

第2章　树图的形成 …………………………………………… 14

2.1　树图形成的分析 ………………………………………… 14

2.2　树图形成定理 …………………………………………… 17

2.3　回顾和思考 ……………………………………………… 17

第3章　三次平面图的形成 …………………………………… 19

3.1　最初的思考 ……………………………………………… 19

3.2　$n=4$ 时的分析 ………………………………………… 20

3.3　$n=5$ 时的分析 ………………………………………… 23

3.4　$n>5$ 时的分析 ………………………………………… 30

第4章　三次平面图形成定理 ………………………………… 31

4.1　定理的证明 ……………………………………………… 31

4.2　证后的思考 ……………………………………………… 37

第5章　三次平面图的面着色 ………………………………… 38

5.1　面着色的分析 …………………………………………… 38

5.2　如何证明面二色通路定理 ……………………………… 42

第 6 章　三次平面图的边着色 ·· 45

　　6.1　边着色的分析 ·· 45

　　6.2　如何证明边二色回路定理 ································ 53

第 7 章　连续归纳法 ··· 56

　　7.1　有序集的一般归纳原理 ···································· 56

　　7.2　半连续有序集的广义数学归纳法 ······················· 57

第 8 章　边二色回路定理 ·· 61

　　8.1　具体图例的证明 ·· 61

　　8.2　边二色回路定理的证明 ····································· 64

第 9 章　四色问题的解决 ·· 68

　　9.1　四色问题的证明 ·· 68

　　9.2　三次平面图着色的方法 ····································· 70

附录 ·· 73

　　附录 1　树的图解 ··· 73

　　附录 2　三次平面图的图解 ····································· 76

　　附录 3　相同的三次平面图 ····································· 79

　　附录 4　名词索引 ··· 87

参考文献 ·· 94

后记 ·· 96

第1章 预备知识

为了有助于大家更好地理解在用数学方法证明四色问题过程中所涉及的内容,先对有关的知识进行一些简单的回顾和说明.

1.1 图的基本知识

(1) 图是由若干个不同的顶点和连接其中某些顶点的边所组成的图形.只有顶点而无边的图称为平凡图.

图中只与它自己在一个顶点相连接的边称为环,见图 1.1.1 中 a 点的环.图论中的图一般是不考虑有环的.

图中的某两个不同的边与一个公共顶点相连接,则称这两个边是相邻的.图 1.1.1 中的 ab 边和 bc 边在 b 点相连接,则它们是相邻的.

图中的某两个顶点由一个或多个边相连接,则称这两个顶点是相邻的.图 1.1.1 中的 a 点和 b 点是由 ab 边相连接的,则它们是相邻的.

(2) 图的顶点和边是一个交替序列 $v_1, e_1, v_2, e_2, \cdots, e_K, v_K$,并且所有的顶点都不相同,则连接顶点 v_1 和 v_K 的连线称为"通路",见图 1.1.1 中的 $abcdf$.

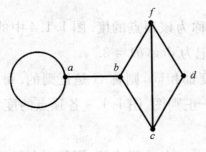

图 1.1.1

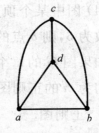

图 1.1.2

经过图的所有顶点的通路,称为 Hamilton 通路,见图 1.1.2 中的 $abdc$.

如果是起点和终点相重合的通路,则称为"回路",见图 1.1.2 中的 $adbca$.边数为奇数和偶数的回路,分别称为奇回路和偶回路.图 1.1.1 中的 $bcdfb$ 回路为偶回路,而 $bcfb$ 回路则为奇回路.

经过图的所有顶点的回路,称为 Hamilton 回路,见图 1.1.2 中的 $adbca$.有 Hamilton 回路的图称为 Hamilton 图.

(3) 任意两个顶点之间只有一个不与其他边相交的边相连接的图称为简单图,见图 1.1.2.

如果相邻的两个顶点之间有多个边相连接,则称这些边为重边,见图 1.1.3 中的 b 点和 c 点之间是由 2 个边相连接的.有重边的图称为多重图.

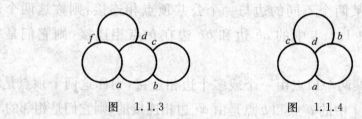

图   1.1.3   图   1.1.4

如果一个图 G 的各个顶点之间都有一个边相连接,则称 G 为完全图,见图 1.1.4.有 v 个顶点的完全图,称为 v-完全图,记为 K_v.图 1.1.4 为 K_4.

(4) 图中某个顶点的边数称为该顶点的度.图 1.1.4 中的顶点 b 的边数为 3,则 b 点的度为 3,记为 $\deg(b) = 3$.

如果图 G 的每个顶点的度都相同,则称 G 是正则的.每个顶点的度均为 m 的正则图,称为 m-正则图.图 1.1.4 各顶点的度均为 3,故为 3-正则图.

(5) 图 G 的每一对顶点都由一个通路连接,则称 G 是连通图.如

果图 R 的所有顶点和边都属于图 G,则称 R 是 G 的子图.

每一个不连通的图 G 可以形成多个连通的子图 $G_1,G_2,\cdots,G_K$,并且这些子图相互之间无公共的顶点,则称它们为 G 的分支.于是,一个不连通的图至少有两个分支.

如果去掉图 G 中的某一个边后,使 G 的分支增加,则称这个边为 G 的桥.在图 1.1.1 中,ab 边即为图的一个桥.在一个图中,有时可以有多个桥.

如果图 G 为了产生不连通图或平凡图,要去掉的最少顶点数为 m,则称 G 为 m-点连通的,简称为 m-连通的,或者说图 G 的连通度为 m.图 1.1.1 是 1-连通的,图 1.1.3 是 2-连通的,图 1.1.4 是 3-连通的.

(6) 无回路的连通图称为树.每个树的边数 e 和顶点数 v 的关系为:$e=v-1$.因此,每个树至少有两个度数为 1 的顶点.

两个顶点数相同的树,如果在平面内经过适当的变形后,可以重合,则它们是相同的.两个对称的树是不相同的.

这里,图 1.1.5 和图 1.1.6 是相同的,图 1.1.5 和图 1.1.7 是对称的,图 1.1.8 与其他几个图是不相同的.

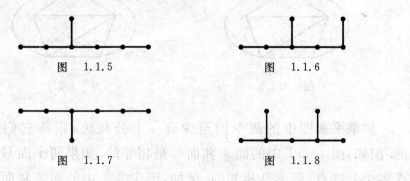

图　1.1.5　　　　　　　　　图　1.1.6

图　1.1.7　　　　　　　　　图　1.1.8

现在已有的树的图解中的树图是互不同构的.同时,相同的必为同构的,不相同的可能同构也可能不同构,同构的可能相同也可能不相同,而不同构的必为不相同的.

例如,图1.1.5,图1.1.6和图1.1.7是同构的,而图1.1.8与其他几个图都是不同构的.

(7) 如果两个图 G 和 R 的顶点之间可以建立起一一对应关系,并且当且仅当 G 的某两个顶点之间有 m 个边连接时,R 的相对应的某两个顶点之间也有 m 个边相连接,则称有这种对应关系的 G 和 R 同构.

1.2 平　面　图

(1) 如果图 G 的所有顶点和边都可以嵌入一个平面,并且除了顶点之外,任意两个边均不相交,则称 G 为可平面图.已画在一个平面上的可平面图称为平面图.

平面图 G 中一些边所包围的一个区域称为 G 的一个面.同时,把 G 的外部无限区域也作为一个面,称为外部面,见图1.2.1的面6,而其他的面则称为内部面.一个平面图的面数是包括外部面在内的.

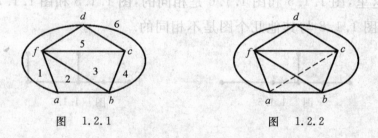

图　1.2.1　　　　　　　　图　1.2.2

如果平面图中的两个面至少有一个公共边,则称它们是相邻的.例如,图1.2.1中的面1和面2是相邻的.如果两个面只有一个或多个公共点,则不是相邻的.例如,图1.2.1中的面2和面4是不相邻的.

如果在简单平面图 G 的任意两个不相邻的顶点之间增加一个新边,使所形成的图不再为平面图时,则称 G 为极大平面图.

例如,在图 1.2.1 的 a 点和 c 点之间增加一个新边 ac,见图 1.2.2. 因为图 1.2.2 是完全图 K_5,不是平面图,所以图 1.2.1 是极大平面图.

(2) 无桥的 3-正则平面图,在本书中均简称为"三次平面图".

如果一个三次平面图的面数、边数和顶点数分别为 n,e 和 v,则有 $e=3(n-2),v=2(n-2),n>2$.

在 $n>3$ 时,每一个三次平面图至少是 2-连通的.

三次平面图 G 中与外部面相邻的内部面称为 G 的"邻外面",其他的内部面则称为 G 的非邻外面. 在图 1.2.3 中,面 1,2,4 为邻外面,而面 3 为非邻外面.

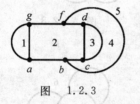

图　1.2.3

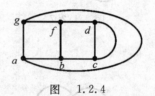

图　1.2.4

三次平面图 G 中与外部面相邻的边称为 G 的"外部边",其他的边则称为 G 的内部边. 在图 1.2.3 中,ab,bf,fg 以及 ag 中的一个边为外部边. ag 边因为是重边,只有与外部面相邻的边才是外部边.

三次平面图最少有两个外部边. 在图 1.2.4 中,ag 的两个重边均为外部边. 一个邻外面有时可有多个外部边,见图 1.2.3 中面 2 的 ab 和 fg 边.

(3) 两个面数相同的三次平面图,如果在不发生内部面转换为外部面的条件下,经过适当变形后可以完全重合,则称它们是相同的. 两个对称的三次平面图是不相同的.

例如,图 1.2.5 和图 1.2.6 是相同的,图 1.2.5 和图 1.2.7 是对称的,图 1.2.5 至图 1.2.8 这 4 个图是同构的,图 1.2.6 至图 1.2.8 这 3 个图是互不相同的,而图 1.2.5,图 1.2.9 和图 1.2.10 这 3 个图是互不同构的.

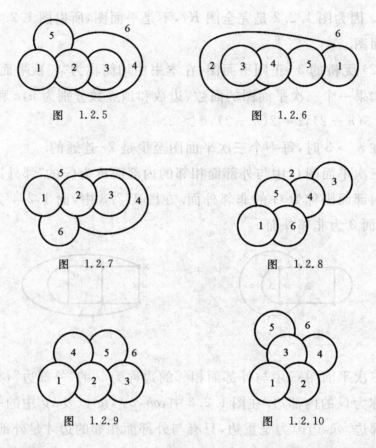

图   1.2.5

图   1.2.6

图   1.2.7

图   1.2.8

图   1.2.9

图   1.2.10

可以看出,对于两个三次平面图来说,相同的必为同构的,不相同的可能同构也可能不同构,同构的可能相同也可能不相同,而不同构的则必为不相同的.

(4) 平面图 G 的对偶图可以这样得到:在 G 的每一个面内放上一个顶点,如果两个面有一个(或多个)公共边,则用一个(或多个)仅仅穿过这个(或多个)公共边的边,来连接相应的两个顶点.这样,就产生了一个新图,称为图 G 的对偶图,见图 1.2.11. 其中,图 G 的边为实线,对偶图的边为虚线.

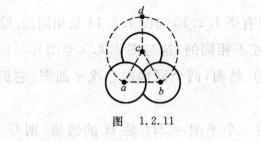

图 1.2.11　　　　　　　　　图 1.2.12

　　如果不包括平面图 G 的外部面,按以上办法,由图 G 形成的一个新图,则称为图 G 的"次对偶图",见图 1.2.12 中由虚线构成的图.可以看出,同一个平面图 G 的对偶图与次对偶图是不同的[2].

　　对偶图是用各顶点之间的相邻关系来表示图 G 各面之间的相邻关系的,而次对偶图则是用各顶点之间的相邻关系来表示图 G 各内部面之间的相邻关系的.

　　因此,两个相同的三次平面图,它们的次对偶图也是相同的.例如,图 1.2.5 至图 1.2.10 这 6 个图的次对偶图,分别见图 1.2.13 至图 1.2.18.

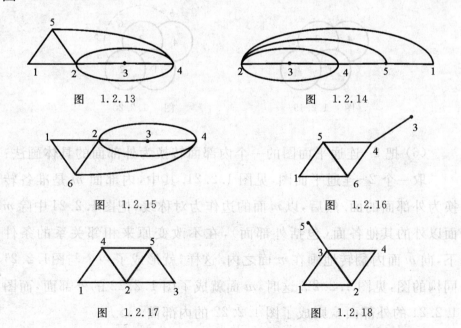

图 1.2.13　　　　　　　　　　　　图 1.2.14

图 1.2.15　　　　　　　　　　　　图 1.2.16

图 1.2.17　　　　　　　　　　　　图 1.2.18

在这6个次对偶图中,只有图1.2.13与图1.2.14是相同的.除了图1.2.13,其他5个都是互不相同的.这与图1.2.5至图1.2.10相互之间是否相同,是一致的.然而,两个同构的三次平面图,它们的对偶图却不一定是相同的.

(5)如果图 H 是图 G 的一个子图,$e(H)$ 是 H 的边集,则 $G-e(H)$ 的子图称为 G 中 H 的"片",片与 H 的公共点称为片的附着点.

设图 H 是图 G 的一个可平面子图,H_0 是 H 的一个平面嵌入,R 是 G 中 H 的片.如果 R 对 H 所有附着点,在 H_0 的同一个面的边界上,则称 R 是可画的,即 R 是可以嵌入平面并成为平面图的一部分[5,6].

例如,在图1.2.19中,由面1~5所组成的图是平面图.在其外部面5内,使第6面的边交在外部边的 a,b 两点上,见图1.2.20,则其第6面是可画的,即图1.2.20是平面图.

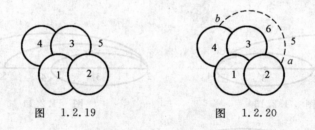

图　1.2.19　　　　　　　图　1.2.20

(6)把2-连通平面图的一个内部面转换为外部面的具体画法:

取一个2-连通平面图,见图1.2.21.其中,内部面 m 是准备转换为外部面的面.然后,以 m 面的边作为对称线,把图1.2.21中除 m 面以外的其他各面(包括外部面),在不改变原来相邻关系的条件下,向 m 面内翻转地画在 m 面之内.这样,就形成了一个与图1.2.21同构的图,见图1.2.22.这时,m 面就成了图1.2.22的外部面,而图1.2.21的外部面6则成了图1.2.22的内部面.

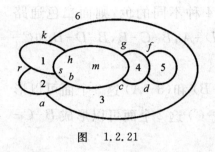

图　1.2.21

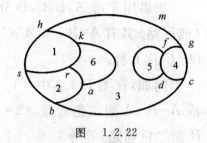

图　1.2.22

　　在这一转换过程中,关键要注意保持图 1.2.21 各面原来之间的相邻关系,并把图 1.2.21 的外部面 6,能够准确地画在图 1.2.22 中.

　　这种画法是依据测地投影定理得到的.因为在把图 1.2.21 嵌入一个透明的球面后,球面的"北极"是置于 m 面内的,所以从"北极"点向四处看去,m 面的各边都成了外部边,而图 1.2.21 的其他各面(包括外部面),都成了 m 面的各边内的组成部分.于是,就可以得到图 1.2.22.

1.3　平面图的着色

　　(1) 平面图的面着色(或边着色),是指对它的每一个面(或边)分别着一种色,并使得相邻的面(或边)着不同的色.

　　如果平面图 G 有一种用 m 种或更少种色的面着色,称 G 是"m-面可着色的".如果 G 有一种正好只用 m 种色的边着色,则称 G 是"m-边着色的".

　　四色问题实际上就是每一个平面图都是 4-面可着色的[3].

　　(2) 如果一个平面图 G 是 4-面可着色的,则 G 中由只交替地着两种色的相邻面所形成的一个通路,称为 G 的"面二色通路".如果有偶数($n > 2$)个面的面二色通路首尾相接,则称之为 G 的"面二色回路".这些也称为 Kempe 链.

如果用字母 A,B,C,D 分别表示 4 种不同的色,则面二色通路（或回路）共有 $A-B-A$,$A-C-A$,$A-D-A$,$B-C-B$,$B-D-B$ 和 $C-D-C$ 这 6 种.

例如,在图 1.3.1 中,$(1-A)$,$(2-B)$ 和 $(3-A)$ 这 3 个面可以形成 $A-B-A$ 面二色通路,$(2-B)$ 和 $(4-C)$ 这 2 个面可以形成 $B-C-B$ 面二色通路,等等.

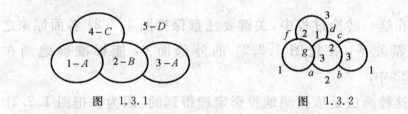

图 1.3.1   图 1.3.2

在图 1.3.1 中,各面中所标的数字 $1,2,3,4,\cdots$ 分别表示各面的序号.同时,用 $(1-A)$ 表示第 1 个面着 A 色,$(2-B)$ 表示第 2 个面着 B 色,等等,下同.

（3）如果一个三次平面图 G 是 3-边着色的,则 G 中由只交替地着两种色的相邻边所形成的一个回路,称为 G 的"边二色回路".

如果用数字 $1,2,3$ 分别表示 3 种不同的色,则边二色回路共有 $1-2-1$,$1-3-1$,$2-3-2$ 这 3 种.

例如,在图 1.3.2 中,边 ag,gd,df 和 fa 分别着 $3,1$ 这两种色,可以形成一个 $1-3-1$ 边二色回路,等等.

（4）把一个二色通路（或回路）上的各面（或边）原来所着的色,分别改换为这二色中的另一种色,则称为在这个二色通路（或回路）上的"换色".同时,这种换色并不会影响其他相邻面（或边）的着色.

例如,在图 1.3.1 中,把 $(1-A)$ 和 $(4-C)$ 这两个面在 $A-C-A$ 面二色通路上,换色为 $(1-C)$ 和 $(4-A)$,可以形成图 1.3.3 的着色.其中,$(2-B)$ 和 $(5-D)$ 的着色并没有发生变化.

同样,在图 1.3.2 中,把 ag,gd,df 和 fa 这 4 个边在 $1-3-1$ 边二

色回路上换为 1,3 二色,可以形成图 1.3.4 的着色. 其中,边 ab,cd, fg 的着色并没有发生变化.

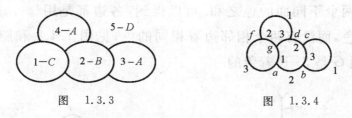

图   1.3.3   图   1.3.4

1.4 几 个 定 理

Jordan 曲线定理   设 Q 是一个连续的自身不相交的平面封闭曲线,则 Q 内部的一点和其外部的一点之间的连线必与 Q 相交[8].

Whitney 定理   在平面图 G 的顶点数 $v > 3$ 时,图 G 是 2-连通的,当且仅当图 G 的任意两个边至少在一个回路上[5].

测地投影定理   每一个 2-连通平面图可以嵌入平面,使任何一个内部面转换为外部面[3].

推论   每一个 2-连通平面图可以嵌入平面,使任何一个内部边转换为外部边.

Kempe 定理   四色问题成立,当且仅当每一个三次平面图都是 4-面可着色的[3].

Tait 定理   四色问题成立,当且仅当每一个三次平面图都是 3-边着色的[6,8].

证   任意给定一个三次平面图 G. 这里,图 G 并不一定是简单图.

(1) 假设图 G 是 4-面可着色的. 取 Klein 四群 M 的元素为色集[3].

M 中的加法定义为:$a_1 + a_2 = a_3, a_1 + a_3 = a_2, a_2 + a_3 = a_1, a_i +$

$a_i = 0(i=0,1,2,3)$. 其中, a_0 为单位元素.

对图 G 给定一个 4-面可着色, 并规定一个边的色等于关联于这个边的两个不同面的色之和. 可以得到, 各边都是用 $\{a_1,a_2,a_3\}$ 的元素着色, 而没有两个相邻边着相同的色, 见图 1.4.1 和图 1.4.2. 于是, 图 G 是 3-边着色的.

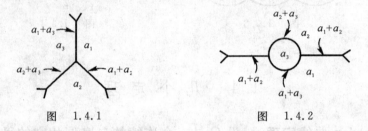

图 1.4.1   图 1.4.2

(2) 假设图 G 是 3-边着色的, 见图 1.4.3, 则着 1,2,3 色的边的集合分别为 B_1, B_2 和 B_3.

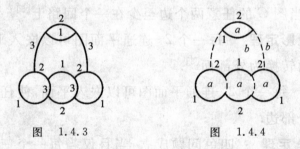

图 1.4.3   图 1.4.4

因为图 G 是 3-边着色的, 所以由 B_1 和 B_2 所形成的子图 G_{12}, 是由一些没有公共点的 1-2-1 边二色回路组成的, 见图 1.4.4. 而由 B_1 和 B_3 所形成的子图 G_{13}, 是由一些没有公共点的 1-3-1 边二色回路组成的, 见图 1.4.5.

先对图 G_{12} 即 1-2-1 边二色回路内的各面着 a 色, 其外的各面着 b 色, 见图 1.4.4. 然后, 再对图 G_{13} 即 1-3-1 边二色回路内的各面着 c 色, 其外的各面着 d 色, 见图 1.4.5.

于是, 图 G 的每一个面都分别着上了 ac, bc, ad 和 bd 这 4 种色,见图 1.4.6. 设 $A=ac$，$B=bc$，$C=ad$，$D=bd$，则图 G 是 4 -面可着色的.

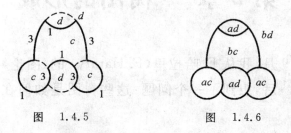

图　1.4.5　　　　　　　图　1.4.6

推论　　如果一个三次平面图是 4 -面可着色的,即也是 3 -边着色的,可以把面着色和边着色的关系设定为:

$$A+D=1, \quad B+D=2, \quad C+D=3$$
$$A+B=3, \quad A+C=2, \quad B+C=1$$

例如,在图 1.3.3 中,$(1-C)$ 和 $(4-A)$ 这两个相邻面分别着 C, A 色时,相对应地,在图 1.3.4 中,$(1-C)$ 和 $(4-A)$ 的公共边 fg 则着 2 色,而在 $(1-C)$ 和 $(2-B)$ 这两个相邻面分别着 C,B 色时,它们的公共边 ag 则着 1 色,等等.

第2章 树图的形成

1984年9月,我从F.哈拉里(F.Harary)的《图论》一书中看到"树的图解"[3]后,想到了一个问题:这些树图是如何在平面内形成的呢?

2.1 树图形成的分析

(1) 在顶点数 $v=1$ 的点 a 的外部,增加第2个点 b,把 b 点和 a 点连接起来,可以形成 $v=2$ 的一个树,见图2.1.1.

(2) 在 $v=2$ 的树,即图2.1.1的外部,增加第3个点 c,把 c 点分别与 a,b 点相连接,可以形成2个 $v=3$ 的树,见图2.1.2和图2.1.3.可以看出,这两个树图是相同的,或者说只有一个互不相同的树图,即图2.1.3.

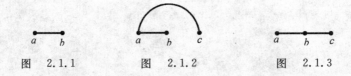

图　2.1.1　　　　图　2.1.2　　　　图　2.1.3

(3) 在 $v=3$ 的树,即图2.1.3的外部,增加第4个点 d,把 d 点分别与 a,b,c 点相连接,可以形成3个 $v=4$ 的树,见图2.1.4至图2.1.6.

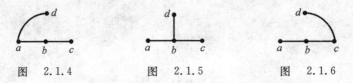

图　2.1.4　　　　图　2.1.5　　　　图　2.1.6

其中,图 2.1.4 和图 2.1.5 是不相同的,图 2.1.4 和图 2.1.6 是相同的,而图 2.1.5 和图 2.1.6 是不相同的.因此,$v=4$ 的树图只有图 2.1.5 和图 2.1.6 这两个互不相同的树图.

(4) 分别在 $v=4$ 的树,即图 2.1.5 和图 2.1.6 的外部,增加第 5 个点 f,把 f 点分别与 a,b,c,d 点相连接,可以形成 8 个 $v=5$ 的树,见图 2.1.7 至图 2.1.14.其中,共有 3 个互不相同的树图,即图2.1.9,图 2.1.10 和图 2.1.12.

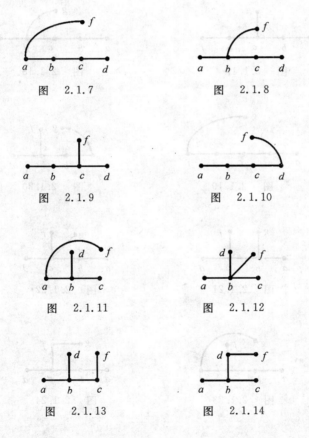

图　2.1.7　　　　　　　　图　2.1.8

图　2.1.9　　　　　　　　图　2.1.10

图　2.1.11　　　　　　　　图　2.1.12

图　2.1.13　　　　　　　　图　2.1.14

(5) 分别在 $v=5$ 的树,即图 2.1.9,图 2.1.10 和图 2.1.12 的外部,增加第 6 个点 g,把 g 点分别与 a,b,c,d,f 点相连接,可以形成 15 个 $v=6$ 的树,见图 2.1.15 至图 2.1.29.其中,共有 6 个互不相同

的树图,即图 2.1.17,图 2.1.18,图 2.1.19,图 2.1.21,图 2.1.22 和
图 2.1.26.

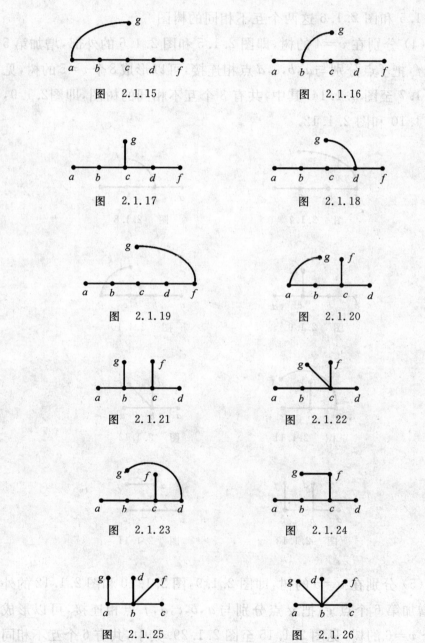

图　2.1.15　　　　　　　　　图　2.1.16

图　2.1.17　　　　　　　　　图　2.1.18

图　2.1.19　　　　　　　　　图　2.1.20

图　2.1.21　　　　　　　　　图　2.1.22

图　2.1.23　　　　　　　　　图　2.1.24

图　2.1.25　　　　　　　　　图　2.1.26

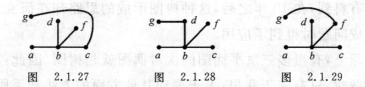

图 2.1.27   图 2.1.28   图 2.1.29

(6) 分别在 $v=6$ 的树,即图 2.1.17,图 2.1.18,图 2.1.19,图 2.1.21,图 2.1.22 和图 2.1.26 的外部,增加第 7 个点 h,把 h 点分别与 a,b,c,d,f,g 点相连接,可以形成 36 个 $v=7$ 的树.其中,共有 14 个互不相同的树图和 11 种互不同构的树图,可见附录 1 "树的图解".

按以上办法,分别在 $v>6$ 的所有互不相同的树图的外部增加第 $v+1$ 个点,并把第 $v+1$ 点分别与这些树图的各点相连接,可以依次形成有 $v+1$ 个点的所有树图,并可以从中找出所有互不相同的和所有互不同构的树图.

2.2   树图形成定理

树图形成定理   分别在有 $1,2,3,\cdots,v$ 个顶点的所有互不相同的树图的外部,使第 $v+1$ 点分别与这些树图的各顶点相连接,可以依次形成有 $2,3,4,\cdots,v+1$ 个顶点的所有互不相同的树图.

证   因为有 v 个顶点的树图的本身是无回路的连通图,所以在其外部增加第 $v+1$ 点,并使之分别与树图的各顶点相连接,所形成的有 $v+1$ 个顶点的所有图仍然为树图.因此,定理成立.

2.3   回顾和思考

从实际研究过程来看,我当时只是把树图的形成作为一个具体问题来思考的.在得出以上这些结论之后,也就把它放下了.然而,谁也没有料到,在 10 年之后,这种树图形成的思路却在研究三次平面图形成问题时得到了应用.

实际上,有很多三次平面图的次对偶图就是树图.因此,在研究数学问题时,只有善于联想,善于调动其他方面的方法和手段,才有希望解决问题,实现新的突破.

第3章　三次平面图的形成

H. 史坦因豪斯(H. Steinhaus) 在《数学万花镜》一书中,写道:
"我们不考虑有三个以上的区域相会于一点的情况,只要各个区域
是连成一片的.我们从任意一个区域开始,然后一条接一条地画边
界线,每条边界线都是连接两个边界上的点.如果它产生了新区域,
那么产生的新区域只能是一个,同时,边数可能增加 1,2 或 3."[4]

1995 年 11 月 22 日,我在重新看到这段论述后,想到了一个问
题:在什么情况下,三次平面图在增加一个新面后,其边数分别增加
1,2 或 3 个呢?

3.1　最初的思考

因为只有两个顶点 a,b 的 2-正则平面图只有一个,见图 3.1.1,
所以在连接顶点 a,b 之后,所形成的有 3 个面的三次平面图也只能
有一个,见图 3.1.2.

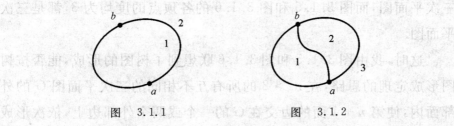

图　3.1.1　　　　　　　　图　3.1.2

在图 3.1.2 的外部面内,增加第 4 个面,会有以下 4 种情况:

(1) 把第 4 面的边分别交在图 3.1.2 的两个顶点 a,b 上时,见图
3.1.3,其边数只增加 1.

(2) 把第 4 面的边的一端交在图 3.1.2 的顶点 b 上,而另一端交

在面 2 边上的 c 点时,见图 3.1.4,其边数增加 2.

(3)把第 4 面的边只交在图 3.1.2 的面 2 边上 c,d 两点时,见图 3.1.5,其边数增加 3.

(4)把第 4 面的边分别交在图 3.1.2 的面 1 和面 2 两个边上 c,d 两点时,见图 3.1.6,其边数增加 3.

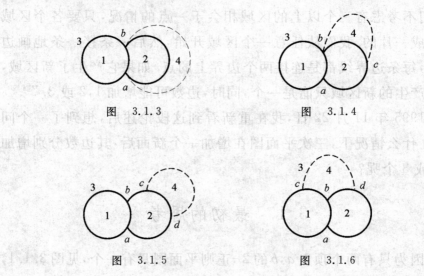

图 3.1.3   图 3.1.4

图 3.1.5   图 3.1.6

可以看出,图 3.1.3 和图 3.1.4 因为有的顶点的度为 4,均不为三次平面图,而图 3.1.5 和图 3.1.6 的各顶点的度均为 3,都是三次平面图.

这时,我由图 3.1.5 和图 3.1.6 联想到了树图的形成,能否按树图形成定理的思路,在 $n>2$ 的所有互不相同的三次平面图 G 的外部面内,使第 $n+1$ 面的边交在 G 的一个或两个外部边上,依次形成有 $n+1$ 个面的所有互不相同的三次平面图呢?

3.2 $n=4$ 时 的 分 析

(1)在 $n=3$ 的图 3.1.2 的外部面内,使第 4 面的边交在一个或两个外部边上,可以形成多少个 $n=4$ 的三次平面图呢?

画图结果表明,可以形成 6 个 $n=4$ 的三次平面图,见图 3.2.1 至图 3.2.6.其中,图 3.2.1,图 3.2.2 和图 3.2.3 这 3 个图是互不相同的,而图 3.2.1 和图 3.2.4,图 3.2.2 和图 3.2.5,图 3.2.3 和图 3.2.6 分别是相同的.

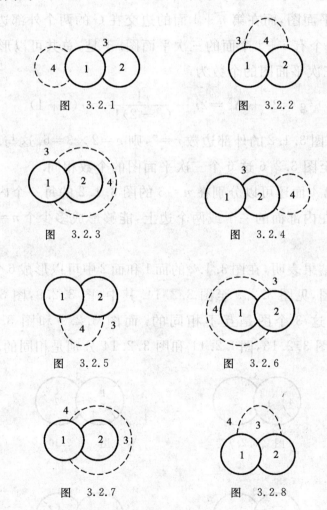

图　3.2.1

图　3.2.2

图　3.2.3

图　3.2.4

图　3.2.5

图　3.2.6

图　3.2.7

图　3.2.8

另外,把图 3.2.1 和图 3.2.2 的面 4 分别转换为外部面后,所形成的图见图 3.2.7 和图 3.2.8.这时,图 3.2.7 和图 3.2.3 相同,图

3.2.8 和图 3.2.2 相同,故图 3.2.1 与图 3.2.3 是同构的,图 3.2.1 与图 3.2.2 是不同构的. 因此,$n=4$ 的三次平面图共有 3 个互不相同的和 2 种互不同构的三次平面图.

(2) 如果一个有 n 个面的三次平面图 G 的外部边数为 r,在第 $n+1$ 面的边只交在 G 的一个外部边上时,可以形成 $2r$ 个有 $n+1$ 个面的三次平面图,而在第 $n+1$ 面的边交在 G 的两个外部边上时,可以形成 A_r^2 个有 $n+1$ 个面的三次平面图. 于是,总共可以形成有 $n+1$ 个面的三次平面图的个数为

$$g = 2r + A_r^2 = 2r + \frac{r!}{(r-2)!} = r(r+1)$$

例如,图 3.1.2 的外部边数 $r=2$,则 $g=2\times3=6$. 这与所形成的图 3.2.1 至图 3.2.6 这 6 个三次平面图的个数相同.

(3) 第 4 面还可以分别在 $n=3$ 的图 3.1.2 的每一个内部面内,使其边交在内部面的一个或两个边上,能够形成多少个 $n=4$ 的三次平面图呢?

画图结果表明,在图 3.1.2 的面 1 和面 2 中可以形成 6 个 $n=4$ 的三次平面图,见图 3.2.9 至图 3.2.14. 其中,图 3.2.9,图 3.2.10 和图 3.2.11 这 3 个图是互不相同的,而图 3.2.9 和图 3.2.12,图 3.2.10 和图 3.2.13,图 3.2.11 和图 3.2.14 分别是相同的.

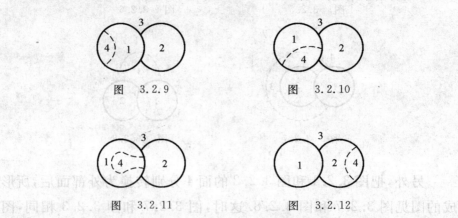

图　3.2.9　　　　　　　　图　3.2.10

图　3.2.11　　　　　　　　图　3.2.12

图　3.2.13　　　　　　　　图　3.2.14

同时,经过比较,图 3.2.9 和图 3.2.1,图 3.2.10 和图 3.2.2,图 3.2.11 和图 3.2.3 分别是相同的.

(4) 如果一个有 n 个面的三次平面图 G 的某一个内部面 a 的边数为 s,在第 $n+1$ 面的边在面 a 的内部交在面 a 的一个边上时,可以形成 s 个有 $n+1$ 个面的三次平面图,而在第 $n+1$ 面的边在面 a 的内部交在面 a 的两个边上时,可以形成 C_s^2 个有 $n+1$ 个面的三次平面图. 于是,总共可以形成有 $n+1$ 个面的三次平面图的个数为

$$h = s + C_s^2 = s + \frac{s!}{2! \ (s-2)!} = \frac{1}{2}s(s+1)$$

例如,图 3.1.2 的内部面 1 的边数 $s=2$,则 $h = \frac{1}{2} \times 2 \times 3 = 3$. 这与所形成的图 3.2.9,图 3.2.10 和图 3.2.11 这 3 个图的个数是相同的.

(5) 至于 $n>3$ 的三次平面图,在其各内部面内,使第 $n+1$ 面的边交在其面的一个或两个边上,所形成的有 $n+1$ 个面的所有互不相同的三次平面图,与在其外部面内,使第 $n+1$ 面的边交在一个或两个外部边上,所形成的有 $n+1$ 个面的所有互不相同的三次平面图的关系,可见三次平面图形成定理的证明部分.

3.3　$n=5$ 时的分析

(1) 分别在 $n=4$ 的图 3.2.1,图 3.2.2 和图 3.2.3 这 3 个互不相同的三次平面图的外部面内,使第 5 面的边交在一个或两个外部边

上,可以形成 38 个 $n=5$ 的三次平面图,见图 3.3.1 至图 3.3.38.

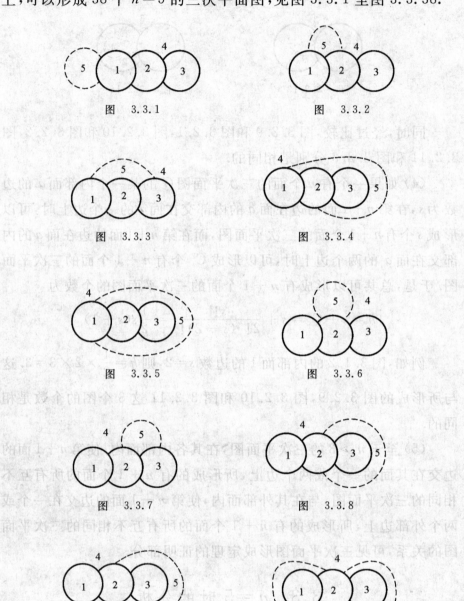

图 3.3.1

图 3.3.2

图 3.3.3

图 3.3.4

图 3.3.5

图 3.3.6

图 3.3.7

图 3.3.8

图 3.3.9

图 3.3.10

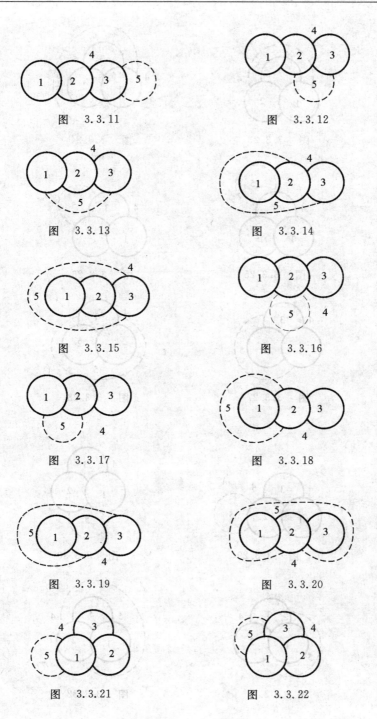

图　3.3.11

图　3.3.12

图　3.3.13

图　3.3.14

图　3.3.15

图　3.3.16

图　3.3.17

图　3.3.18

图　3.3.19

图　3.3.20

图　3.3.21

图　3.3.22

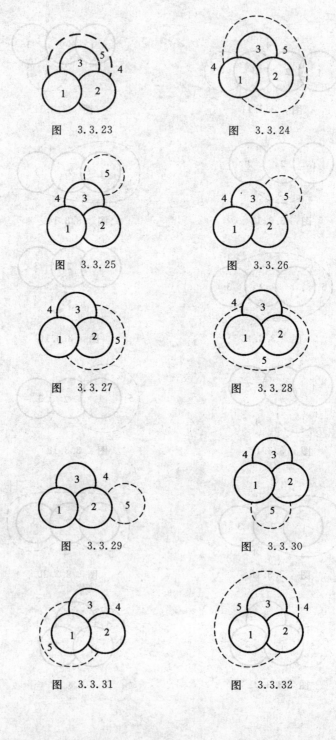

图   3.3.23

图   3.3.24

图   3.3.25

图   3.3.26

图   3.3.27

图   3.3.28

图   3.3.29

图   3.3.30

图   3.3.31

图   3.3.32

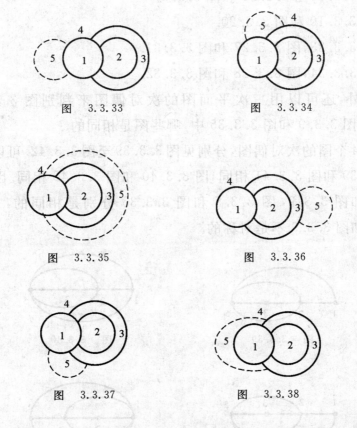

图　3.3.33

图　3.3.34

图　3.3.35

图　3.3.36

图　3.3.37

图　3.3.38

（2）把图 3.3.1 至图 3.3.38 的图形逐个进行比较,可以得出以下 11 组分别相同的图:

图 3.3.1 和图 3.3.11.

图 3.3.2,图 3.3.7,图 3.3.12,图 3.3.17,图 3.3.21,图 3.3.25 和图 3.3.29.

图 3.3.3,图 3.3.13,图 3.3.22,图 3.3.26 和图 3.3.30.

图 3.3.4,图 3.3.14 和图 3.3.34.

图 3.3.5,图 3.3.15 和图 3.3.38.

图 3.3.6 和图 3.3.16.

图 3.3.8,图 3.3.18,图 3.3.33 和图 3.3.36.

图 3.3.9,图 3.3.19 和图 3.3.37.

图 3.3.10 和图 3.3.20.

图 3.3.23,图 3.3.27 和图 3.3.31.

图 3.3.24,图 3.3.28 和图 3.3.32.

另外,还可以用三次平面图的次对偶图来判别图 3.3.4,图 3.3.5,图 3.3.9 和图 3.3.35 中,哪些图是相同的.

这 4 个图的次对偶图,分别见图 3.3.39 至图 3.3.42.可以看出,图 3.3.39 和图 3.3.41 相同,图 3.3.40 和图 3.3.42 相同.因此,图 3.3.4 和图 3.3.9,图 3.3.5 和图 3.3.35 分别是相同的,并且图 3.3.4 和图 3.3.9 不是对称的.

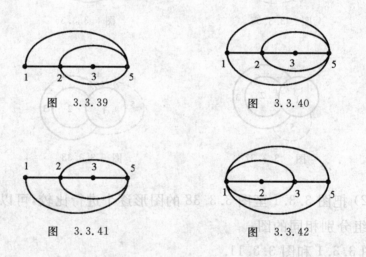

图   3.3.39   图   3.3.40

图   3.3.41   图   3.3.42

于是,可以得出,在图 3.3.1 至图 3.3.38 中,共有 10 个互不相同的三次平面图,即图 3.3.1,图 3.3.2,图 3.3.3,图 3.3.4,图 3.3.5,图 3.3.6,图 3.3.8,图 3.3.10,图 3.3.23 和图 3.3.24.

（3）根据测地投影定理,对于两个有 n 个面的不相同的三次平面图 G 和 R,如果在把 G 的各个内部面分别转换为外部面后,所形成的与 G 同构的 $n-1$ 个三次平面图中,至少有一个图与 R 相同,则 G 和 R 同构.

现在来判别,在上面已找到的这 10 个互不相同的三次平面图
中,哪些图是同构的.

(1) 先把图 3.3.1 的 4 个内部面分别转换为外部面,形成 4 个新
图.再去掉其中一些相同的图,留下与图 3.3.1 互不相同的图,见图
3.3.43 和图 3.3.44. 因为图 3.3.43 和图 3.3.5,图 3.3.44 和图
3.3.8 分别相同,所以图 3.3.1,图 3.3.5 和图 3.3.8 这 3 个图同构.

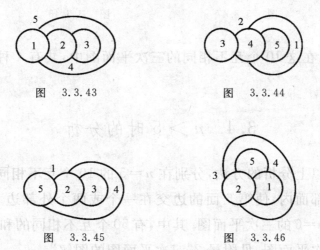

图　3.3.43　　　　　　　图　3.3.44

图　3.3.45　　　　　　　图　3.3.46

(2) 再把与图 3.3.1 不同构的图 3.3.2 的 4 个内部面分别转换
为外部面,形成 4 个新图.再去掉其中一些相同的图,留下与图
3.3.2 互不相同的图,见图 3.3.45 和图 3.3.46.因为图 3.3.45 和图
3.3.4,图 3.3.46 和图 3.3.24 分别相同,所以图 3.3.2,图 3.3.4 和
图 3.3.24 这 3 个图同构.

(3) 再把与图 3.3.1 和图 3.3.2 都不同构的图 3.3.3 的 4 个内部
面分别转换为外部面,形成 4 个新图.再去掉其中一些相同的图,留
下与图 3.3.3 互不相同的图,见图 3.3.47. 因为图 3.3.47 和
图 3.3.23 相同,所以图 3.3.3 和图 3.3.23 同构.

(4) 最后,把与图 3.3.1,图 3.3.2 和图 3.3.3 都不同构的图
3.3.6 的 4 个内部面分别转换为外部面,形成 4 个新图.再去掉其中

一些相同的图,留下与图 3.3.6 互不相同的图,见图 3.3.48.因为图
3.3.48 和图 3.3.10 相同,所以图 3.3.6 和图 3.3.10 同构.

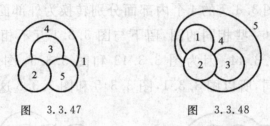

图   3.3.47   图   3.3.48

于是,在这 10 个互不相同的三次平面图中,共有 4 种是互不同
构的.

3.4 $n > 5$ 时的分析

按照以上分析的方法,分别在 $n = 5$ 的 10 个互不相同的三次平
面图的外部面内,使第 6 面的边交在一个或两个外部边上,可以形
成 196 个 $n = 6$ 的三次平面图.其中,有 50 个互不相同的和 14 种互不
同构的三次平面图,见附录 2"三次平面图的图解".

同理,分别在 $n > 5$ 的所有互不相同的三次平面图的外部面内,
使第 $n + 1$ 面的边交在一个或两个外部边上,可以依次形成有 $n + 1$
个面的所有的三次平面图,并可从中找出所有互不相同的和互不同
构的三次平面图.这些有待于今后去画出.

另外,相同的三次平面图的图形有多种.有些相同图的图形从
表面上看去,很难认为它们是相同的.对于一些与"三次平面图的图
解"中的图相同的三次平面图,可见附录 3"相同的三次平面图".

第4章　三次平面图形成定理

三次平面图的图形千变万化,并难以把握. 这是一个长期困扰人们的大问题. 因此,对众多的三次平面图进行系统分析,找出其中的内在形成规律,是很有必要的. 经过反复思考,我终于在 1998 年 12 月 18 日找到了证明三次平面图形成定理的一般方法.

4.1　定理的证明

三次平面图形成定理　分别在有 $3,4,5,\cdots,n$ 个面的所有互不相同的三次平面图的外部面内,使第 $4,5,6,\cdots,n+1$ 面的边交在一个或两个外部边上,可以依次形成有 $4,5,6,\cdots,n+1$ 个面的所有互不相同的三次平面图.

证　具体过程如下:

(1) 因为只有 a,b 两个顶点的 2-正则平面图只有一个,所以在连接 a,b 两个顶点之后,所形成的有 3 个面的三次平面图也只有一个,见图 4.1.1.

(2) 如果要在一个有 $n>2$ 个面的三次平面图 G 的基础上,形成有 $n+1$ 个面的所有三次平面图,只能使第 $n+1$ 面的边分别在图 G 的每一个面内,交在其面的一个或两个边上.

新增加的第 $n+1$ 面的边,既不能交在图 G 的一个或两个顶点上,也不能与图 G 的一个或多个边相切,还不能经过图 G 的两个或两个以上的面,与图 G 的一个或多个边相交. 如不然,由于这些交点或切点的度大于 3,不能形成三次平面图,见图 4.1.2.

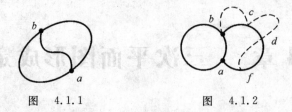

图 4.1.1 图 4.1.2

（3）因为图 4.1.1 这个有 3 个面的 3-正则图是三次平面图，而第 4 面的边是分别在它的每一个面内，与其面的一个或两个边相交的，所以这样形成的所有 3-正则图都是三次平面图. 其中的两个图见图 4.1.3 和图 4.1.4.

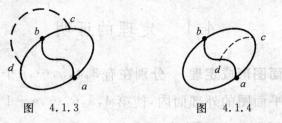

图 4.1.3 图 4.1.4

同理，分别在有 $4,5,\cdots,n$ 个面的所有三次平面图的每一个面内，使第 $5,6,\cdots,n+1$ 面的边交在其面的一个或两个边上，所形成的有 $5,6,\cdots,n+1$ 个面的所有 3-正则图都是三次平面图.

（4）因为只有在两个不连通的三次平面图 H 和 M 之间，增加一个新边 ab，并使之分别交在图 H 和图 M 相应的边上，才可以形成一个有桥的 3-正则平面图，见图 4.1.5 和图 4.1.6，所以分别在有 $3,4,\cdots,n$ 个面的所有三次平面图的每一个面内，使第 $4,5,\cdots,n+1$ 面的边交在其面的一个或两个边上，是不能形成有桥的 3-正则平面图的.

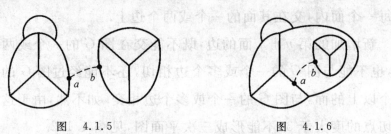

图 4.1.5 图 4.1.6

同时,因为第 $4,5,\cdots,n+1$ 面的边分别在有 $3,4,\cdots,n$ 个面的所有三次平面图的每一个面内,与其面的一个或两个边相交的,所以可以依次形成有 $4,5,\cdots,n+1$ 个面的所有的三次平面图.

(5) 从有 n 个面的所有互不相同的三次平面图 $R_1,R_2,\cdots,R_K$ 中取出一个图 R,并把图 R 的一个内部面 a 转换为外部面,可以形成一个与图 R 同构的三次平面图 H.这里,图 H 必与图 $R_1,R_2,\cdots,R_K$ 中的某一个图相同.

在图 R 的内部面 a 内,使第 $n+1$ 面的边交在面 a 的一个或两个边上,可以形成有 $n+1$ 个面的所有三次平面图 $D_1,D_2,\cdots,D_s$.

再把图 $D_1,D_2,\cdots,D_s$ 的面 a 分别转换为外部面,可以分别形成与它们同构的三次平面图 $M_1,M_2,\cdots,M_s$.这时,第 $n+1$ 面的边则分别转换为图 $M_1,M_2,\cdots,M_s$ 的外部边.

另外,在图 H 的外部面内,使第 $n+1$ 面的边交在图 H 的一个或两个外部边上,可以形成有 $n+1$ 个面的所有三次平面图 $G_1,G_2,\cdots,G_r$.

于是,图 $M_1,M_2,\cdots,M_s$ 分别与图 $G_1,G_2,\cdots,G_r$ 中的一些图相同.

例如,先给出 $n=4$ 的 3 个互不相同的三次平面图,见图 $4.1.7$,图 $4.1.8$ 和图 $4.1.9$.从这 3 个图取出图 $4.1.8$,并把它的内部面 3 转换为外部面,可以形成一个与它同构的三次平面图,见图 $4.1.10$.这时,图 $4.1.10$ 与图 $4.1.7$ 是相同的.

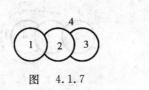

图 4.1.7

图 4.1.8

图 4.1.9　　　　　　　图 4.1.10

在图 4.1.8 的内部面 3 内,使第 5 面的边交在面 1 和面 2 的边上,可以形成一个有 5 个面的三次平面图,见图 4.1.11.

再把图 4.1.11 的面 3 转换为外部面,可以形成一个与它同构的三次平面图,见图 4.1.12.这时,第 5 面的边则转换为图 4.1.12 的外部边.

另外,在图 4.1.10 的外部面内,使第 5 面的边交在一个或两个外部边上,可以形成 20 个有 5 个面的三次平面图.其中,8 个互不相同的三次平面图,见图 4.1.13 至图 4.1.20.

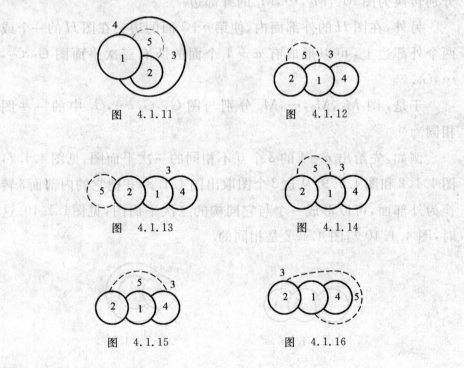

图　4.1.11　　　　　　　图　4.1.12

图　4.1.13　　　　　　　图　4.1.14

图　4.1.15　　　　　　　图　4.1.16

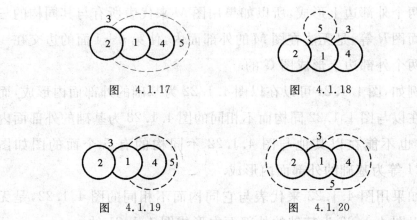

经过比较可以看出,图 4.1.12 与图 4.1.14 相同.同样,对于在图 4.1.8 的内部面 3 内,使第 5 面的边交在面 3 的其他一个或两个边上,所形成的 9 个有 5 个面的三次平面图,经过面 3 转换为外部面后所形成的各图,也分别与图 4.1.13 至图 4.1.20 中的图相同.

同理,分别在图 R 的其他每一个内部面内,以及分别在图 R_1,R_2,$\cdots$,R_K(图 R 除外)的每一个三次平面图的每一个内部面内,使第 $n+1$ 面的边交在其面的一个或两个边上,所形成的有 $n+1$ 个面的所有三次平面图,也是如此.

因此,分别在有 $3,4,\cdots,n$ 个面的所有互不相同的三次平面图的外部面内,使第 $4,5,\cdots,n+1$ 面的边交在一个或两个外部边上,也可以依次形成有 $4,5,\cdots,n+1$ 个面的所有互不相同的三次平面图.

(6) 在有 $n+1$ 个面的所有互不相同的三次平面图 $G_1,G_2,\cdots$,G_K 中,有的三次平面图 G 可以在某个有 n 个面的三次平面图 R 的外部面内,使第 $n+1$ 面的边交在一个或两个外部边上形成,而不能在与图 R 同构而不相同的有 n 个面的三次平面图 M 的外部面内,使第 $n+1$ 面的边交在一个或两个外部边上形成,也不能在其他与图 R 不同构的有 n 个面的三次平面图的外部面内,使第 $n+1$ 面的边交在一个或两个外部边上形成,所以如果用图 M 来代表所有与其同构的三次平面图 R 等,是无法在图 M 的外部面内,使第 $n+1$ 面的边交在一个或两个外部边上形成图 G 的.

例如,图 4.1.21 可以在以图 4.1.22 为基础的外部面内形成,而不能在以与图 4.1.22 同构而不相同的图 4.1.23 为基础的外部面内形成,也不能在以其他与图 4.1.22 不同构的有 5 个面的图如图 4.1.24 等为基础的外部面内形成.

如果用图 4.1.23 来代表与它同构而不相同的图 4.1.22,是无法在以图 4.1.23 为基础的外部面内形成图 4.1.21 的.

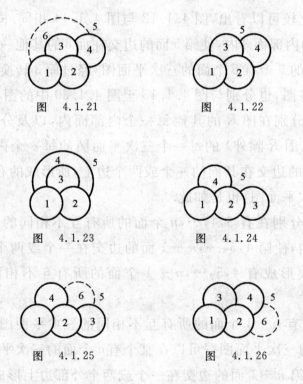

图 4.1.21

图 4.1.22

图 4.1.23

图 4.1.24

图 4.1.25

图 4.1.26

当然,对于有的有 $n+1$ 个面的三次平面图,是可以分别在两个或多个互不同构的有 n 个面的三次平面图的外部面内,使第 $n+1$ 面的边交在一个或两个外部边上形成的.

例如,图 4.1.24 和图 4.1.22 是两个不同构的三次平面图.分别在以它们为基础的外部面内,可以形成相同的图 4.1.25 和图 4.1.26.

另外,虽然有时用图 R 来代表所有与其同构的三次平面图 M 等,可以在图 R 的外部面内,使第 $n+1$ 面的边交在一个或两个外部边上形成图 G,但是这就需要特别指定.在 n 较大时,这很难办到.

因此,只有分别在有 $3,4,\cdots,n$ 个面的所有互不相同的,而不是所有互不同构的三次平面图的外部面内,使第 $4,5,\cdots,n+1$ 面的边交在一个或两个外部边上,才能依次形成有 $4,5,\cdots,n+1$ 个面的所有互不相同的三次平面图.

4.2　证后的思考

三次平面图形成问题的解决,一方面理出了众多的三次平面图的内在的形成规律,另一方面也为最终用数学方法证明四色问题打下了坚实的基础.

当然,要最终证明四色问题,也不是一帆风顺的.其中,要进一步地证明,每一个三次平面图都是 4 -面可着色的或 3 -边着色的.

另外,分别在有 $3,4,5,\cdots,n$ 个面的所有互不相同的无重边和有些有重边的三次平面图的外部面内,使第 $4,5,6,\cdots,n+1$ 面的边只交在两个有关的外部边上,可以依次形成有 $4,5,6,\cdots,n+1$ 个面的所有互不相同的无重边的三次平面图.然而,这些有重边的三次平面图最多只能有一组或两组均不被内部面包围的重边,见图 4.1.13 和图 4.1.14,而图 4.1.16 至图 4.1.20 则不在此列。

第5章　三次平面图的面着色

在探讨三次平面图形成问题的同时,从 1996 年 3 月 2 日起,我开始了对三次平面图面着色问题的研究.

5.1　面着色的分析

因为平面图的 5 个面不能彼此相邻,所以 $n \leqslant 5$ 的三次平面图是 4-面可着色的,见图 5.1.1.那么,在 $n > 5$ 时,如何证明三次平面图是 4-面可着色的呢?

(1)取一个 $n = 5$ 并已着 A, B, C, D 这 4 色的三次平面图,见图 5.1.2.在它的外部面内增加第 6 面,并使第 6 面的边交在 $(3 - A)$ 和 $(4 - C)$ 的外部边上,见图 5.1.3.

如何使 $(6 - ?)$ 能着 A, B, C, D 这 4 色中的某一色,并使图 5.1.3 的相邻面着不同的色呢?

这里,用 $(6 - ?)$ 表示图 5.1.3 中的第 6 面尚未着色,下同.

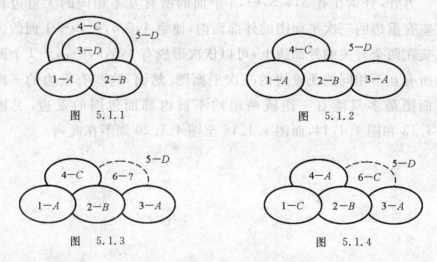

图　5.1.1

图　5.1.2

图　5.1.3

图　5.1.4

从图 5.1.3 可以看出,与(6-?)相邻的 4 个面,即(2-B),(3-A),(4-C)和(5-D)已着 4 色,怎么给(6-?)着 A,B,C,D 这 4 色中的某一色呢?

可把该图的(1-A)和(4-C)在 A-C-A 面二色通路上换色为(1-C)和(4-A),则此时(3-A),(2-B)和(4-A)在一个 A-B-A 面二色通路上,可给(6-?)着 C 色为(6-C),见图 5.1.4.于是,图 5.1.4 为 4-面可着色的.

(2)取一个 n=9 的各面已着 4 色的三次平面图,见图 5.1.5,并准备把第 10 面的边交在面 1 和面 4 的外部边上.那么,能否可以通过该图的一些面的换色,使面 1 和面 4 在一个面二色通路上呢?

1)在图 5.1.5 中,(1-A)和(7-C),以及(3-A)和(4-C)分别在两个不连通的 A-C-A 面二色通路上,并被(8-B)等分隔着.在把(8-B)和(9-A)分别换色为(8-A)和(9-B)后,见图 5.1.6.这时,图 5.1.6 中的(1-A)和(4-C)则在一个 A-C-A 面二色通路上.

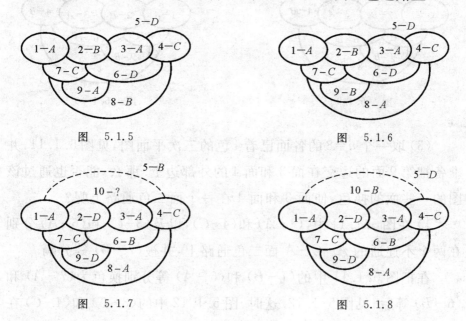

图　5.1.5

图　5.1.6

图　5.1.7

图　5.1.8

因为面二色通路 $A-C-A$ 和 $B-D-B$ 不能相交,则把图 5.1.6 中的 $(2-B)$,$(6-D)$,$(9-B)$ 和 $(5-D)$ 分别换色为 $(2-D)$,$(6-B)$,$(9-D)$ 和 $(5-B)$,并把第 10 面的边交在 $(1-A)$ 和 $(4-C)$ 的外部边上,见图 5.1.7.再把图 5.1.7 的 $(10-?)$ 着 B 色为 $(10-B)$,$(5-B)$ 换色为 $(5-D)$,见图 5.1.8.这时,图 5.1.8 为 4-面可着色的.

2) 因为图 5.1.6 中的 $(4-C)$ 已被 $(3-A)$,$(6-D)$,$(8-A)$ 和 $(5-D)$ 这个包括外部面 $(5-D)$ 的 $A-D-A$ 面二色回路包围,也可以把图 5.1.6 中的 $(4-C)$ 换色为 $(4-B)$,并把第 10 面的边交在 $(1-A)$ 和 $(4-B)$ 的外部边上,见图 5.1.9.

因为图 5.1.9 的 $(1-A)$ 和 $(4-B)$ 在一个 $A-B-A$ 面二色通路上,可把 $(10-?)$ 着 C 色为 $(10-C)$,见图 5.1.10.这时,图 5.1.10 为 4-面可着色的.

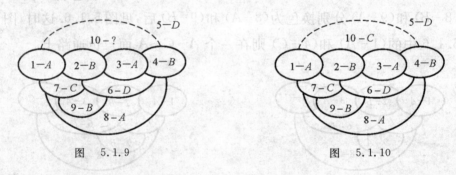

图 5.1.9   图 5.1.10

(3) 取一个 $n=8$ 的各面已着4色的三次平面图,见图 5.1.11,并准备把第 9 面的边交在面 3 和面 4 的外部边上.那么,能否也通过该图的一些面的换色,使面 3 和面 4 在一个面二色通路上呢?

1) 在图 5.1.11 中,$(1-A)$ 和 $(4-C)$,以及 $(3-C)$ 和 $(6-A)$ 分别在两个不连通的 $A-C-A$ 面二色通路上,并被 $(7-B)$ 等分隔.

在把图 5.1.11 中的 $(7-B)$ 和 $(6-A)$ 等分别换色为 $(7-A)$ 和 $(6-B)$ 等后,见图 5.1.12.这时,图 5.1.12 中的 $(3-C)$ 和 $(4-C)$ 在

内部面内, 仍不在一个面二色通路上.

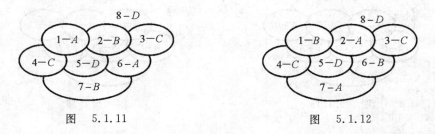

图　5.1.11　　　　　　　　　图　5.1.12

在把图 5.1.11 中的 $(3-C)$ 和 $(6-A)$ 分别换色为 $(3-A)$ 和 $(6-C)$ 后, 再把 $(7-B)$ 换色为 $(7-A)$, 见图 5.1.13. 这时, 图 5.1.13 中的 $(3-A)$ 和 $(4-C)$ 在一个 $A-C-A$ 面二色通路上.

因为面二色通路 $A-C-A$ 和 $B-D-B$ 不能相交, 先把第 9 面的边交在图 5.1.13 的 $(3-A)$ 和 $(4-C)$ 的外部边上, 再把图 5.1.13 中的 $(2-B)$ 和 $(5-D)$ 分别换色为 $(2-D)$ 和 $(5-B)$, 则可把第 9 面着 B 色为 $(9-B)$, 见图 5.1.14. 这时, 图 5.1.14 是 4-面可着色的.

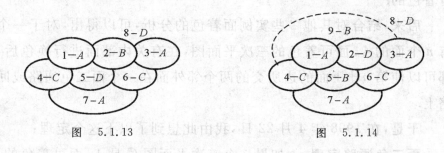

图　5.1.13　　　　　　　　　图　5.1.14

另外, 也可以把图 5.1.11 中的 $(2-B)$ 和 $(3-C)$ 分别换色为 $(2-C)$ 和 $(3-B)$, 再把 $(1-A)$ 换色为 $(1-B)$, 则 $(3-B)$ 和 $(4-C)$ 在一个 $B-C-B$ 面二色通路上. 随后, 把第 9 面的边交在 $(3-B)$ 和 $(4-C)$ 的外部边上, 可给第 9 面着 A 色为 $(9-A)$, 见图 5.1.15. 这时, 图 5.1.15 为 4-面可着色的.

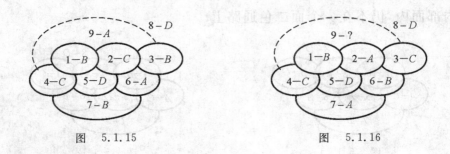

图 5.1.15   图 5.1.16

2) 对于图 5.1.11,如果考虑(3 - C) 和(4 - C) 与外部面(8 - D) 等所在的 C - D - C 面二色通路,在对一些面进行换色后,会出现什么情况呢?

因为面二色通路 A - B - A 和 C - D - C 不能相交,可把图 5.1.11 中的(1 - A) 和(2 - B) 等分别换色为(1 - B) 和(2 - A) 等,见图 5.1.12. 然后,把第 9 面的边交在图 5.1.12 的(3 - C) 和(4 - C) 的外部边上,见图 5.1.16. 因为图 5.1.16 中与(9 - ?) 相邻的 5 个面仍着 4 色,所以无法给(9 - ?) 着这 4 色中的某一色,使图 5.1.16 为 4 - 面可着色的.

后来,结合对其他一些实例面着色的分析,可以得出,对于一个有 n 个面的 4 - 面可着色的三次平面图,在有关内部面进行换色后,都可以使第 $n + 1$ 面的边所交的两个邻外面在一个面二色通路或回路上.

于是,在 1998 年 4 月 22 日,我由此想到了以下这个定理:

面二色通路定理   如果一个三次平面图 G 是 4 - 面可着色的,则 G 的任意两个邻外面至少在一个由内部面构成的面二色通(回)路上.

5.2   如何证明面二色通路定理

设一个有 n 个面的三次平面图 G 是 4 - 面可着色的,并且其外部

面着 D 色.

(1) 在面 a 和 b 为图 G 的两个相邻的邻外面时,因为面 a 和 b 只着两个色,所以面 a 和 b 在一个面二色通(回)路上.

(2) 在面 a 和 b 为图 G 的两个不相邻的邻外面时,如果面 a 和 b 各自所在的两个面二色通(回)路并不连通,如何来证明呢?

例如,在图 5.2.1 中的 $(3-C)$ 和 $(4-C)$ 这两个邻外面,它们各自所在的两个 $A-C-A$ 面二色通路并不连通,被 $(7-B)$ 等相分隔.

如果按图 5.1.11 和图 5.1.13 的思路,把图 5.2.1 中的 $(3-C)$ 和 $(6-A)$ 分别换色为 $(3-A)$ 和 $(6-C)$ 后,$(3-A)$ 和 $(4-C)$ 不在一个面二色通路上,见图 5.2.2.

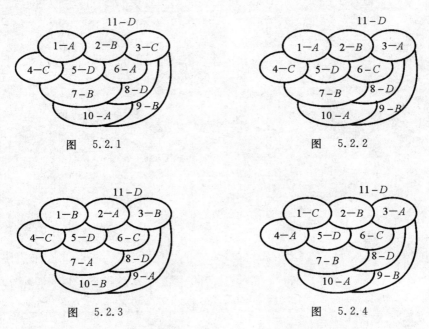

图　5.2.1　　　　　　　　　图　5.2.2

图　5.2.3　　　　　　　　　图　5.2.4

如果把图 5.2.2 中的 $(7-B)$ 和 $(10-A)$ 等换色为 $(7-A)$ 和 $(10-B)$ 等,则 $(3-A)$ 又换色为 $(3-B)$,见图 5.2.3.这时,$(3-B)$ 和 $(4-C)$ 仍不在一个面二色通路上.

当然,如果改变一下思路,把图 5.2.2 中的 $(1-A)$ 和 $(4-C)$ 分别换色为$(1-C)$和$(4-A)$,则可以使$(3-A)$和$(4-A)$在一个$A-B-A$面二色通路上,见图 5.2.4.

然而,这只是说明图 5.2.1 这个具体的三次平面图,经过有关面的换色后,$(3-C)$和$(4-C)$可以在一个由内部面构成的$A-B-A$面二色通路上,还不是面二色通路定理的一般证明方法.

后来,虽然花费了很多精力,试图直接证明这个定理,但是都没有成功.这其中的原因到底在哪里呢?

第6章　三次平面图的边着色

由于没能找到直接地证明面二色通路定理成立的一般方法，1998 年 5 月 8 日,我开始分析和研究三次平面图的边着色及其与面着色的关系.

6.1　边着色的分析

(1)设一个 $n=7$ 的三次平面图是 4 -面可着色的,见图 6.1.1,则该图也是 3 -边着色的,见图 6.1.2.

图 6.1.1 中的各面二色通(回)路的图,分别见图 6.1.3 至图 6.1.8. 图 6.1.2 中的各边二色回路的图,分别见图 6.1.9 至图 6.1.11.

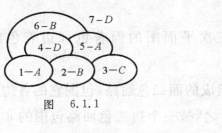

图　6.1.1

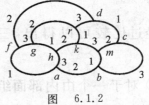

图　6.1.2

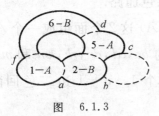

图　6.1.3

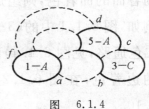

图　6.1.4

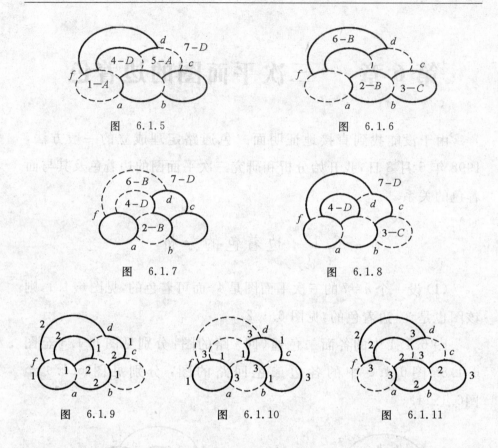

图 6.1.5　　　　　　　　　　图 6.1.6

图 6.1.7　　　　　　　　　　图 6.1.8

图 6.1.9　　　　图 6.1.10　　　　图 6.1.11

经过比较可以得出,三次平面图的面着色和边着色的关系如下:

1) 对于一个由内部面组成的面二色通路,包围它的各边的边着色,组成一个边二色回路. 反之,被一个边二色回路包围的非面二色回路的各面的面着色,则组成一个面二色通路.

例如,图 6.1.1 中的(3-C)和(5-A)这 2 个面组成一个 $A-C-A$ 面二色通路,见图 6.1.4,而包围它的 bc,cd,dr,rk,km 和 mb 这 6 个边的边着色,在图 6.1.2 中组成一个 $1-3-1$ 边二色回路,见图 6.1.10.

反之,被 bc,cd,dr,rk,km 和 mb 这 6 个边组成的 $1-3-1$ 边二色

回路包围的各面的面着色,则使$(3-C)$和$(5-A)$这 2 个面组成一个
$A-C-A$面二色通路,见图 6.1.4.

这时,图 6.1.4 中的$(1-A)$这一个面单独组成一个$A-C-A$面
二色通路,并且在图 6.1.2 中,包围它的ah,hg,gf和fa这 4 个边的
边着色,组成一个$1-3-1$边二色回路,见图 6.1.10.

2) 对于一个由内部面组成的面二色回路,包围它的各边的边着
色,是由两个或多个(在n较大时)不相交的并且其中一个包围另外
一个或多个边二色回路组成的.反之,被两个或多个不相交的并且
其中一个包围另外一个或多个边二色回路包围的各面的面着色,则
组成一个或多个面二色回路.

例如,图 6.1.1 中的$(1-A)$,$(2-B)$,$(5-A)$和$(6-B)$这 4 个面
组成一个$A-B-A$面二色回路,见图 6.1.3,而包围它的$ab,bm,$
mc,cd,df和fa这 6 个边的边着色,以及gh,hk,kr和rg这 4 个边的
边着色,在图 6.1.2 中分别组成两个不相交的$1-2-1$边二色回路,
见图 6.1.9.

反之,被ab,bm,mc,cd,df和fa,以及gh,hk,kr和rg这两个
$1-2-1$边二色回路包围的各面的面着色,则组成一个$A-B-A$面
二色回路,见图 6.1.3.

3) 对于一个由内部面和外部面组成的面二色通(回)路M,三
次平面图中其他与M的各面着色完全不同的内部面,可以组成一个
或多个面二色通(回)路N.这时,被M包围的各边的边着色组成的
一个或多个边二色回路E,与由包围N的各边的边着色组成的一个
或多个边二色回路H相同.

例如,图 6.1.7 中的$(2-B)$,$(4-D)$,$(6-B)$和$(7-D)$组成一个
$B-D-B$面二色回路,被它包围的各边的边着色,是两个$1-3-1$边
二色回路,见图 6.1.10.

图 6.1.4 中面着色与$(2-B)$和$(4-D)$等完全不同的$(3-C)$和

$(5-A)$,以及$(1-A)$分别组成两个$A-C-A$面二色通路.这时,包围它们的各边的边着色也是两个$1-3-1$边二色回路,见图6.1.10.

4) 由于被面二色通(回)路M掩盖的三次平面图的外部边至少有一个,并且不能在边二色回路E上表示出来,所以在以后讨论三次平面图的面着色和边着色的关系时,不再考虑面二色通(回)路M.

例如,图6.1.8中的$C-D-C$面二色通路所掩盖的一个外部边bc,不能在图6.1.9中的$1-2-1$边二色回路上表示出来.

图6.1.7中的$B-D-B$面二色回路所掩盖的两个外部边ab和df,不能在图6.1.10中的两个$1-3-1$边二色回路上表示出来.

于是,对于图6.1.1的面着色来说,以后只考虑图6.1.3,图6.1.4和图6.1.6这3种面着色,而不必再考虑图6.1.5,图6.1.7和图6.1.8这3种面着色了.

另外,随着三次平面图G的面数的增多,图G的面二色通(回)路的形状是多种多样的,有线形的、环形的,也有线形和环形结合在一起的,等等.与之相对应的边二色回路,虽然都是回路,但是其形状也是多种多样的.

(2) 设一个$n=8$的三次平面图是4-面可着色的,见图6.1.12,则该图也是3-边着色的,见图6.1.13.

在图6.1.12中,$(3-A)$和$(4-C)$不在一个面二色通路上.同样,在图6.1.13中,ag和cd两个边不在一个边二色回路上.

经过有关面或边的换色后,图6.1.12中的$(3-A)$和$(4-C)$,能否在一个由内部面组成的面二色通路上,图6.1.13中的ag和cd两个边能否在一个边二色回路上呢?

1) 对图6.1.12和图6.1.13进行以下有关面和边的换色:

① 把图6.1.12中的$(1-A)$,$(2-B)$和$(3-A)$分别换色为$(1-B)$,$(2-A)$和$(3-B)$,见图6.1.14,并把图6.1.13中的ab边在

1-2-1 边二色回路上换色,见图 6.1.15.

　②　再把图 6.1.14 中的(2-A)和(6-C)分别换色为(2-C)和(6-A),见图 6.1.16,并把图 6.1.15 中的 bc 边在 1-3-1 边二色回路上换色,见图 6.1.17.

　③　然后把图 6.1.16 中的(1-B)换色为(1-A),见图 6.1.18,并把图 6.1.17 中的 ab 边在 1-2-1 边二色回路上换色,见图 6.1.19.

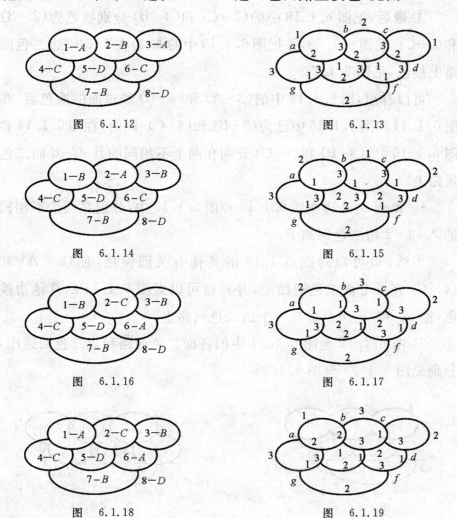

图　6.1.12

图　6.1.13

图　6.1.14

图　6.1.15

图　6.1.16

图　6.1.17

图　6.1.18

图　6.1.19

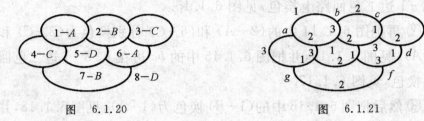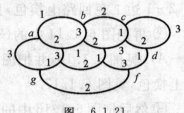

图 6.1.20 　　　　　　　　 图 6.1.21

④ 最后,把图 6.1.18 中的(2－C) 和(3－B) 分别换色为(2－B)
和(3－C),见图 6.1.20,并把图 6.1.19 中的 bc 边在 2-3-2 边二色回
路上换色,见图 6.1.21.

可以看出,图 6.1.12 中的(3－A) 和(4－C) 经过面的换色后,在
图 6.1.14 和图 6.1.16 中已为(3－B) 和(4－C).同时,在图 6.1.14 和
图 6.1.16 中,(3－B) 和(4－C) 分别在两个不相同的 B-C-B 面二色
通路上.

ag 和 cd 两个边在图 6.1.15 和图 6.1.17 中,分别在两个不相同
的 2-3-2 边二色回路上.

当然,也可以对图 6.1.12 的其他有关面换色,使(3－A) 和
(4－C) 在一个面二色通路上,并且也可以对图 6.1.13 的其他边换
色,使 ag 和 cd 两个边在一个边二色回路上.

2) 图 6.1.12 至图 6.1.21 中的各面二色通路和边二色回路图,
分别见图 6.1.22 至图 6.1.36.

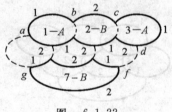　　　　　　　　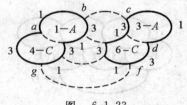

图 6.1.22 　　　　　　　　　 图 6.1.23

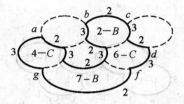

图　6.1.24

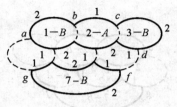

图　6.1.25

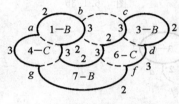

图　6.1.26

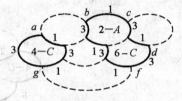

图　6.1.27

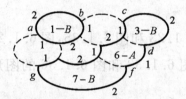

图　6.1.28

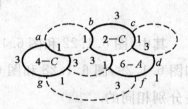

图　6.1.29

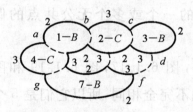

图　6.1.30

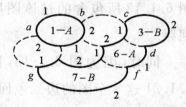

图　6.1.31

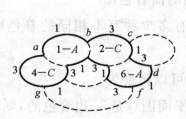

图　6.1.32

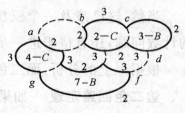

图　6.1.33

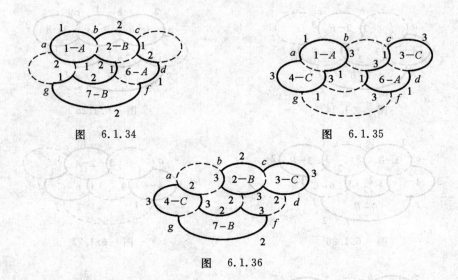

图　6.1.34　　　　　　　　　　图　6.1.35

图　6.1.36

其中,图 6.1.22 和图 6.1.25,图 6.1.23 和图 6.1.35,图 6.1.27 和图 6.1.29,图 6.1.28 和图 6.1.31,图 6.1.33 和图 6.1.36 的图形是分别相同的.

因此,图 6.1.13 共有 10 个互不相同的边二色回路,并且它们是图 6.1.13 所包含的过该图所有顶点的一个或多个无公共点的偶回路.

同时,因为图 6.1.13,图 6.1.15,图 6.1.17,图 6.1.19 和图 6.1.21 这 5 个图的边二色回路图彼此不完全相同,所以它们是 5 个互不相同的边着色图. 进而图 6.1.12,图 6.1.14,图 6.1.16,图 6.1.18 和图 6.1.20 则是 5 个互不相同的面着色图.

当然,这已涉及一个三次平面图,有多少种互不相同的着色图的计数问题,还有待于进一步研究.

根据以上的分析,面二色通路定理可以转换为:

边二色回路定理　　如果一个三次平面图 G 是 3-边着色的,则 G 的任意两个外部边至少在一个边二色回路上.

　　显然,在一个三次平面图 G 是 3-边着色的,也即是 4-面可着色的时,如果 G 的任意两个外部边至少在一个边二色回路上,则这两个外部边所在的一个或两个邻外面,在由被这两个外部边所在的边二色回路包围的各面的面着色所组成的一个面二色通(回)路上.

　　因此,如果边二色回路定理成立,则面二色通路定理也成立.但是,如何来证明边二色回路定理成立呢?

6.2　如何证明边二色回路定理

　　(1)1998 年 5 月下旬,我先证明了以下两个问题:

　　1)如果一个三次平面图 G 是 3-边着色的,则 G 的任意一个边在两个边二色回路上.

　　证　设一个三次平面图 G 是 3-边着色的,ab 为 G 的任意一个边,并且着 1 色.于是,G 中着 1,2,3 色的边的集合分别为 B_1,B_2 和 B_3.因为 G 是 3-边着色的,所以由 B_1 和 B_2 所构成的子集 G_{12},是由一些没有公共点的 1-2-1 边二色回路组成的.因此,ab 边在 G 的一个 1-2-1 边二色回路上.

　　同理可证,ab 边也在 G 的 1-3-1 边二色回路上.

　　例如,在图 6.2.1 中,ab 边既在一个 1-2-1 边二色回路上,见图 6.2.2,也在一个 1-3-1 边二色回路上,见图 6.2.3.这里,a,f 两点之间的 arf 和 asf 边为重边.

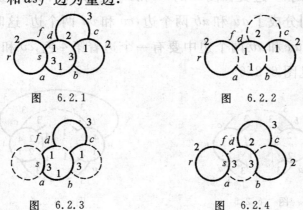

图　6.2.1　　　　　　　　　　图　6.2.2

图　6.2.3　　　　　　　　　　图　6.2.4

2) 根据以上的结论,同理可证,如果一个三次平面图 G 是 3 -边着色的,则 G 的任意两个相邻边在一个边二色回路上.

例如,图 6.2.1 的 bc 和 cd 边在一个 2-3-2 边二色回路上,见图 6.2.4.

（2）如果 $n > 2$ 的三次平面图 G 是 3 -边着色的,在 G 的外部边数 $r = 2$ 时,这两个外部边是在一个边二色回路上的.

在 G 的 $r = 3$ 时,因为这 3 个外部边都是彼此相邻的,所以其中任何两个外部边都在一个边二色回路上.

在 G 的 $r > 3$ 时,如何证明任意两个不相邻的外部边至少在一个边二色回路上呢?

（3）1998 年 6 月中旬,我想到了一种证明边二色回路定理的方法:

根据三次平面图形成定理,在一个有 $n = m - 1$ 个面的 $r > 3$ 的三次平面图 R 的外部面内,使第 m 面的边交在图 R 的任意两个不相邻的外部边上,可以形成多个有 m 个面的三次平面图 G_i,并且假设这些图 G_i 都是 3 -边着色的.

假设图 R 也是 3 -边着色的,但是图 R 与图 G_i 中的一个图 G 的 uv 边相交的两个外部边 ab 和 cd,不在一个边二色回路上,见图 6.2.5.

在图 G 的 uv 边交在图 R 的 ab 和 cd 边的 u,v 两点上后,把 ab 边和 cd 边分别分成了 au 和 ub 两个边,cv 和 vd 两个边.这时,uv 边可着 2 或 3 色,au 和 ub 两个边中要有一个边着第 4 色,cv 和 vd 两个边也是如此,见图 6.2.6.

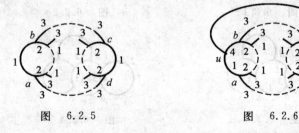

图   6.2.5   图   6.2.6

　　这样,图 G 就不是 3-边着色的,这与假设相矛看. 于是,图 R 的 ab 和 cd 边至少在一个边二色回路上.

　　同样,在图 R 的 ab 边在一个 1-2-1 边二色回路上,而 cd 边在不过 ab 边的 1-3-1 或 2-3-2 边二色回路上时,也是如此.

　　同理可证,图 G_i 中的其他图的第 m 面的边分别所交的图 R 的其他任意两个不相邻的外部边,也都至少在一个边二色回路上. 因此图 R 的任意两个不相邻的外部边至少在一个边二色回路上.

　　同时,在其他有 $m-1$ 个面的所有与图 R 互不相同的 $r>3$ 的三次平面图 R_i 的外部面内,使第 m 面的边交在图 R_i 的任意两个不相邻的外部边上,也可以形成多个有 m 个面的三次平面图 G_K. 同理可证,图 R_i 的任意两个不相邻的外部边至少在一个边二色回路上.

　　进而同理可证,有 $m-2,m-3,\cdots,5,4$ 个面的所有互不相同的三次平面图的任意两个不相邻的外部边至少在一个边二色回路上.

　　但是,对于有 $n \geqslant m$ 个面的所有互不相同的三次平面图,如何证明它们的任意两个不相邻的外部边至少在一个边二色回路上呢?

　　(4)2004 年 9 月,我又想到了在《数学难题探索》一书中的证明方法. 该书出版以后,仔细想一想,还有不足之处. 在该证明中只证明了"可以经过 ab 和 cd 两个边的 1-2-1 二色通路至少会有一种"[①] 的情况. 如果不是这种情况,并没有证明.

　　(5)2008 年 12 月 28 日,我在看到张景中院士等人关于连续归纳法的文章后,解决了我在 1998 年 6 月所想到的那种证明方法中存在的问题,并用连续归纳法证明了边二色回路定理.

　　为了便于大家对连续归纳法的了解,在第 7 章中将对连续归纳法的原理和方法等,进行详细的介绍.

---

　　① 　徐俊杰. 数学难题探索. 西北工业大学出版社,2007 年,第 26 页.

第7章　连续归纳法

关于自然数的数学归纳法,是数学推理常用的工具.在集合论研究中提出良序集(即任何非空子集必有最先元素的有序集)的概念后,人们发现,数学归纳法可以推广到一般的良序集,即超限归纳法.

然而,在对实数域使用超限归纳法时,需要对实数进行重新排序,而不能按照实数原本的大小顺序进行归纳.

张景中院士在研究中,发现了一种按照实数本来的大小顺序进行归纳推理的方法,即连续归纳法.

7.1　有序集的一般归纳原理

设 M 是一个有序集.对于 M 中的两个元素 x 和 y,用记号 $x < y$ 表示 x 在 y 的前面,即 x 先于 y. M 中所有先于 x 的元素组成的集合,记作 $D(x)$.

定义1　设 N 是 M 的子集.如果对任意一个 $x \in N, D(x)$ 都是 N 的子集,则称 N 是 M 的一个片段.特别地,空集和 M 都是 M 的片段,除了空集和 M 之外的片段,称为 M 的真片段.于是,可以有引理1和引理2.

引理1　若 W 和 N 是 M 的两个片段,两个片段之中必有一个是另一个的片段.如果 N 是 W 的片段,而 W 不是 N 的片段,就说 $N < W$.

引理2　M 的任意多个片段的并或交,仍然是 M 的片段.

上述引理的证明从略.

定理 1　（有序集的一般归纳原理）设 M 是一个有序集,对任意一个 $x \in M$,$P(x)$ 是关于 x 的一个命题. 如果

(1) 有 M 的一个片段 R,使得对任意一个 $x \in R$,有 $P(x)$ 成立.

(2) 若 $P(x)$ 对片段 N 中的所有 x 成立,并且 N 是 M 的真子集,则有片段 $W > N$,使得 $P(x)$ 对片段 W 中的所有 x 成立.

于是,对所有 $x \in M$,$P(x)$ 成立.

证　若 $P(x)$ 对片段 R 中的所有 x 成立,则称 R 为好片段. 由引理 2,所有好片段的并 H 也是片段,显然 H 是最大的好片段. 若 $H = M$,则证明的结论成立. 否则,由(2)推出有片段 $W > H$,使得 $P(x)$ 对片段 W 中的所有 x 成立. 这样,W 就成了比 H 更大的好片段,这与 H 是最大的好片段相矛盾.

注意:条件(1)中的片段 R 和条件(2)中的片段 N,都可以是空的.

7.2　半连续有序集的广义数学归纳法

由定理 1 可知,对任何有序集,都可以进行类似于数学归纳法的推理. 但是在一般情形下,此归纳推理不是按照元素的顺序进行的,而是按有序集的片段来扩大命题成立的范围.

那么,定理 1 所表述的一般归纳原理与常用的数学归纳法之间,又有什么关系呢? 为了说明这个问题,下面先建立有序集的元素和片段之间的某种关系.

定义 2　设 N 是有序集 M 的一个子集,而 x 是 M 的一个元素. 如果 x 不先于 N 中的任何元素,则称 x 是 N 的一个上界. 若 N 的所有上界中有最先者,就称为 N 的最小上界.

定义 3　若有序集 M 的每一个非空有上界的子集 N 都有最小上界,则称 M 为半连续的有序集.

按此定义,整数集的子集和实数集的区间或闭子集,按自然大小顺序都是半连续的有序集,任何良序集也是半连续的有序集.

对于任意的有序集 M,其每个元素 x 对应于 M 的一个片段 $R = D(x)$. 如果 R 中没有最大元素,x 就是 R 的最小上界. 否则,x 是 R 的最小上界之后的第一个元素. 反过来,并不是每个真片段 N 都能这样对应于一个元素,因为 N 可能没有最小上界.

对于半连续的有序集,每个真片段都有最小上界. 这种联系使我们能够得到更接近于常用的数学归纳法的一类归纳法.

定理 2 (广义数学归纳法)设 M 是半连续的非空有序集,M 中无最大元素.$P(x)$ 是关于 M 中的元素 x 的一个命题. 如果

(1) 有 $a \in M$,使得对所有 $x < a$,有 $P(x)$ 成立.

(2) 若对所有 $x < y \in M$,有 $P(x)$ 成立,则有 M 中元素 $z > y$,使得对所有小于 z 的 x,$P(x)$ 成立.

于是,对所有 $x \in M$,$P(x)$ 成立.

证   直接由定义证明:

用反证法. 设有命题 $P(x)$ 满足(1)和(2),但有 $u \in M$,使 $P(u)$ 不成立. 考虑 M 中使命题 $P(x)$ 成立的 x 组成的片段,由(1)和(2)知,这样的真片段是存在的. 所有这样的片段的并,记为 N,N 是 M 中使命题 $P(x)$ 成立的 x 组成的最大片段.

由反证法的假设,M 中有不属于 N 的元素,故 N 有上界,所以有最小上界 y. 这时,对所有 $x < y \in M$,有 $P(x)$ 成立. 由(2)有 $z > y$,使得对所有小于 z 的 x,$P(x)$ 成立. 同理,有 $m > z$,使得对所有小于 m 的 x,$P(x)$ 成立. 于是,$D(m)$ 也是 M 中使命题 $P(x)$ 成立的 x 组成的片段. 由于 z 不属于 N 而属于 $D(m)$,这与 N 是 M 中使命题 $P(x)$ 成立的 x 组成的最大片段相矛盾.

从一般归纳原理推出:

对命题 $P(x)$ 应用定理1. 由(1)有,M 的一个片段 $R = D(a)$,使

得对任意一个 $x \in R$,有 $P(x)$ 成立.

若 $P(x)$ 对片段 N 中的所有 x 成立,并且 N 是 M 的真子集.设 y 是 N 的最小上界,则对所有 $x < y \in M$,有 $P(x)$ 成立.两次使用 (2),有 $z > u > y$,使得对所有小于 z 的 x,$P(x)$ 成立.即有片段 $W = D(z) > N$,使得 $P(x)$ 对片段 W 中的所有 x 成立.由定理 1,对所有 $x \in M$,$P(x)$ 成立.

对于良序集 W 中有上界的任一子集 N 来说,可以构造一个子集 $E = \{u: u$ 是 N 的上界$\}$,E 也是良序集 W 的子集.由良序集的定义可知,良序集 W 的子集 E 有最小元素,说明有上界的 N 有最小上界.因此,任意良序集都是半连续的有序集,从而有推论如下:

推论 1 (超限归纳法)设 W 是一非空良序集,$P(x)$ 是关于 $x \in W$ 的一个命题.如果

(1)对于 W 中的最小元素 m,有 $P(m)$ 成立.

(2)如果对所有小于 k 的 x,$P(x)$ 成立,则有 $u > k$,使得对所有小于 u 的 x,$P(x)$ 成立.

于是,$P(x)$ 在良序集 W 上成立.

自然数集合是良序的,通常的数学归纳法是超限归纳法的特例.

推论 2 (关于自然数的数学归纳法)设 $P(n)$ 是关于自然数 n 的一个命题.如果

(1)有 m,在 $n < m$ 时,$P(n)$ 成立.

(2)如果对所有小于 k 的 n,$P(n)$ 成立,则有 $u > k$,使得对所有小于 u 的 n,$P(n)$ 成立.

于是,对所有自然数 n,$P(n)$ 成立.

实数集上的开区间是半连续的有序集,并且满足定理 2 的条件,自然以下推论成立.

推论 3 (实数区间上的连续归纳法)设 Q 是开区间,$P(x)$ 是关

于实数 $x \in Q$ 的一个命题. 如果

(1) 有 $a \in Q$, 在 Q 中的 $x < a$ 时, $P(x)$ 成立.

(2) 如果对所有小于 y 的 $x \in Q$, $P(x)$ 成立, 则有 Q 中的 $z > y$, 使得对所有小于 z 的 $x \in Q$, $P(x)$ 成立.

于是, 对所有 $x \in Q$, $P(x)$ 成立.

在推论 3 中, 在 Q 为 $(-\infty, +\infty)$ 时, 就是对全实数集的连续归纳法.

推论 4 (关于实数的连续归纳法) 设 $P(x)$ 是关于实数 x 的一个命题. 如果

(1) 有 a, 在 $x < a$ 时, $P(x)$ 成立.

(2) 如果对所有小于 y 的 x, $P(x)$ 成立, 则有 $z > y$, 使得对所有小于 z 的 x, $P(x)$ 成立.

于是, 对所有实数 x, $P(x)$ 成立.

同时, 还可以证明连续归纳法和戴德金公理, 即若把实数集合分为 A, B 两个非空子集, 并使得 A 中任意数 x 小于 B 中任意数 y, 则 A 中有最大数或 B 中有最小数, 是等价的. 因此, 连续归纳法的成立便成为自然的推论[9].

第8章　边二色回路定理

由广义数学归纳法推出的关于自然数的数学归纳法,可以称为连续数学归纳法.

连续数学归纳法　设 $P(n)$ 是关于自然数 n 的一个命题.如果

(1) 对于 m,在所有 $n < m$ 时,$P(n)$ 成立.

(2) 假设对所有 $n < k$,$P(n)$ 成立,可有 $u > k$,使得对所有 $n < u$,$P(n)$ 成立.

于是,对所有自然数 n,$P(n)$ 成立.

为了便于大家了解用连续数学归纳法证明边二色回路定理的过程,先用具体图例来说明,"对于 m,在所有 $n < m$ 时,$P(n)$ 成立"这第一步的证明,是如何进行的.然后,再对边二色回路定理进行一般性的证明.

8.1　具体图例的证明

(1) 取一个面数 $m - 1 = 6$ 的三次平面图,见图 8.1.1.在图 8.1.1 的外部面内,使第 7 面的边 uv 交在该图的两个不相邻的外部边 ab 和 cd 上,可以形成一个面数 $m = 7$ 的三次平面图,见图 8.1.2.

同时,假定所有互不相同的有 $3,4,5,6,7$ 个面的三次平面图均为 3 -边着色的.

假设图 8.1.1 的 ab 和 cd 两个边,不在任何一个边二色回路上.例如,ab 边在一个 1 - 2 - 1 边二色回路上,而 cd 边在另一个 1 - 2 - 1 边二色回路上.

当然,有的图 ab 边在一个 1 - 2 - 1 边二色回路上,而 cd 边也可以

在一个不过 ab 边的 $1-3-1$ 或 $2-3-2$ 边二色回路上.

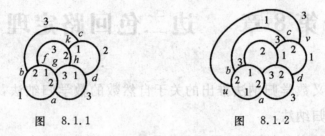

图　8.1.1　　　　　　　　　图　8.1.2

在把第 7 面的边 uv 交在图 8.1.1 的 ab 和 cd 两个边的 u,v 两点上后,ab 边分成为 au 和 ub 两个边,cd 边分成为 cv 和 vd 两个边,见图 8.1.3. 这时,在图 8.1.3 中,au 和 ub 边均着 1 色,cv 和 vd 边均着 2 色.

为了使图 8.1.3 的任意两个相邻边都着不同的色,并考虑图 8.1.3 其他各边着色的情况,只有把 au 和 ub 两个边中的一个边,例如 ub 边着第 4 色,把 cv 和 vd 两个边中的一个边,例如 cv 边着第 4 色,并把 uv 边着 3 色,见图 8.1.4.

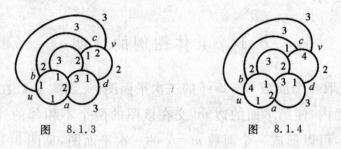

图　8.1.3　　　　　　　　　图　8.1.4

这样,图 8.1.4 则不是 3-边着色的,与图 8.1.2 是 3-边着色的相矛盾. 于是,图 8.1.1 的两个不相邻的外部边 ab 和 cd,至少在一个边二色回路上.

同理可证,图 8.1.1 的两个不相邻的外部边 bc 和 ad,也至少在一个边二色回路上.

同时,因为图 8.1.1 的任意两个相邻的外部边,也都在一个边

二色回路上,所以图 8.1.1 的任意两个外部边至少在一个边二色回
路上.

例如,把图 8.1.1 中的 ab, bf, fg 和 ga 边在 $1-2-1$ 边二色回路
上进行 1,2 色的换色,则 ab 和 cd 两个边在同一个 $2-3-2$ 边二色回
路上,见图 8.1.5.

(2) 根据三次平面图的形成规律,图 8.1.1 可以由 4 个相同的有
$m-2=5$ 个面的三次平面图形成,其中一个见图 8.1.6.

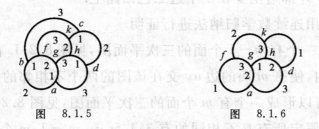

图　8.1.5　　　　　　　　　　　图　8.1.6

同理可证,图 8.1.6 的任意两个外部边至少在一个边二色回
路上.

(3) 根据三次平面图的形成规律,图 8.1.6 可以由有 $m-3=4$
个面的 2 个如图 8.1.7 的三次平面图,以及由 2 个如图 8.1.8 的三次
平面图形成.

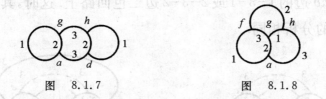

图　8.1.7　　　　　　　　　　　图　8.1.8

同理可证,图 8.1.7 的任意两个外部边至少在一个边二色回路
上.由于图 8.1.8 的 3 个外部边是彼此相邻的,故它的任意两个外部
边至少在一个边二色回路上.

另外,因为有 $m-4=3$ 个面的三次平面图的两个外部边在一个

边二色回路上,所以对于 $m=7$ 的三次平面图,即图8.1.2,使得所有能够形成它的,面数 $m<7$ 的三次平面图,在为3-边着色的时,其任意两个外部边至少在一个边二色回路上.

8.2 边二色回路定理的证明

边二色回路定理 如果一个三次平面图 G 是3-边着色的,则 G 的任意两个外部边至少在一个边二色回路上.

证 用连续数学归纳法进行证明.

(1)取一个有 $m-1$ 个面的三次平面图,见图8.2.1.在图8.2.1的外部面内,使第 m 面的边 uv 交在该图的两个不相邻的外部边 ab 和 cd 上,可以形成一个有 m 个面的三次平面图,见图8.2.2.

同时,假定所有互不相同的有 $3,4,5,\cdots,m-1,m$ 个面的三次平面图均为3-边着色的.

1)假设图8.2.1的 ab 和 cd 两个边不在任何一个边二色回路上.例如,ab 边在一个 $1-2-1$ 边二色回路上,而 cd 边在另一个 $1-2-1$ 边二色回路上,见图8.2.3.

当然,有时 ab 边在一个 $1-2-1$ 边二色回路上,而 cd 边也可能在一个不过 ab 边的 $1-3-1$ 或 $2-3-2$ 边二色回路上.这时,其证明过程也与以下的分析相同.

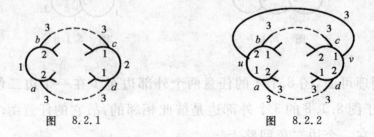

图 8.2.1   图 8.2.2

在把第 m 面的边 uv 交在图8.2.1的 ab 和 cd 两个边的 u,v 两点

上后,ab 边分成 au 和 ub 两个边,cd 边分成为 cv 和 vd 两个边,见图 8.2.3.这时,在图 8.2.3 中,au 和 ub 边均着 1 色,cv 和 vd 边均着 2 色.

为了使图 8.2.3 的任意两个相邻边都着不同的色,并考虑图 8.2.3 其他各边着色的情况,只有把 au 和 ub 两个边中的一个边,例如 ub 边着第 4 色,把 cv 和 vd 两个边中的一个边,例如 cv 边着第 4 色,并把 uv 边着第 3 色,见图 8.2.4.

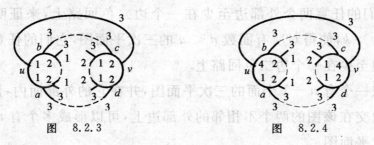

图　8.2.3　　　　　　　　　图　8.2.4

这样,图 8.2.4 则不是 3-边着色的,与图 8.2.2 是 3-边着色的相矛盾.于是,图 8.2.1 的两个外部边 ab 和 cd 至少在一个边二色回路上.显然,在外部边 ab 和 cd 着相同色时,也是如此.

同理可证,图 8.2.1 的其他任意两个不相邻的外部边也至少在一个边二色回路上.

同时,因为图 8.2.1 的任意两个相邻的外部边也都在一个边二色回路上,所以图 8.2.1 的任意两个外部边至少在一个边二色回路上.

同理可证,其他有 $m-1$ 个面的所有互不相同的三次平面图的任意两个外部边,也至少在一个边二色回路上.

2) 根据三次平面图的形成规律,分别在有 $3,4,5,\cdots,m-3,m-2$ 个面的所有互不相同的三次平面图的外部面内,使第 $4,5,6,\cdots,m-2,m-1$ 面的边分别交在一个或两个外部边上,可以依次形成有 $4,5,6,\cdots,m-2,m-1$ 个面的所有互不相同的三次平面图.

同理可证,分别有 $m-2,m-3,\cdots,5,4$ 个面的所有互不相同的三次平面图的任意两个外部边至少在一个边二色回路上.

另外,因为有 3 个面的三次平面图的两个外部边在一个边二色回路上,所以对于有 m 个面的所有互不相同的三次平面图,使得对所有面数 $n<m$ 的并且互不相同的三次平面图,它们的任意两个外部边至少在一个边二色回路上.

(2) 假设对于所有面数 $n<k$ 的三次平面图,在为 3-边着色的时,它们的任意两个外部边至少在一个边二色回路上,来证明所有面数 $u>k$,使得对所有面数 $n<u$ 的三次平面图,它们的任意两个外部边至少在一个边二色回路上.

取一个有 $u-1$ 个面的三次平面图,并在它的外部面内,使第 u 面的边交在该图的两个不相邻的外部边上,可以形成多个有 u 个面的三次平面图.

同时,假定所有互不相同的有 $k,k+1,k+2,\cdots,u-1,u$ 个面的三次平面图均为 3-边着色的.

根据(1)的证明方法,同理可证,分别有 $u-1,u-2,\cdots,k+1,k$ 个面的所有互不相同的三次平面图的任意两个外部边,至少在一个边二色回路上.

由(1)(2)的结论可以得出,边二色回路定理成立.

推广 如果一个三次平面图 G 是 3-边着色的,则 G 的每一个面的任意两个边至少在一个边二色回路上.

同时,根据 Tait 定理及其推论,由边二色回路定理可以得出,面二色通路定理成立.

另外,顺便说明一下,在三次平面图中,有的图有为 Hamilton 回路的边二色回路,见图 6.1.24,有的图则无,见有 46 个顶点的 Tutte 图[3,7].对于三次平面图中的边二色回路的具体情况,还有待于进行深入研究.

当然,为了与边二色回路定理的推广相适应,我们也可以把三次平面图形成定理推广为:

三次平面图形成定理推广 分别在有 $3,4,5,\cdots,n$ 个面的所有互不相同的三次平面图的每一个面内,使第 $4,5,6,\cdots,n+1$ 面的边交在其面的一个或两个边上,可以依次形成有 $4,5,6,\cdots,n+1$ 个面的所有互不相同的三次平面图.

这样,对三次平面图形成定理推广的证明,就比对三次平面图形成定理的证明简化了很多. 其中,只要直接证明,在有 n 个面的所有互不相同的三次平面图的每一个面内,使第 $n+1$ 面的边交在其面的一个或两个边上,可以形成有 $n+1$ 个面的所有互不相同的三次平面图等即可.

同样,面二色通路定理也可以推广为:如果一个三次平面图 G 是 4-面可着色,则与 G 的每一个面相邻的任意两个内部面,至少在一个由内部面构成的面二色通(回)路上.

第9章 四色问题的解决

2004 年 9 月 30 日,根据三次平面图形成定理和边二色回路定理,我证明了四色问题. 同时,给出了三次平面图各面着 4 色和各边着 3 色的具体方法.

9.1 四色问题的证明

四色问题 每一个平面图都是 4-面可着色的.

证 根据 Kempe 定理和 Tait 定理,只要证明"每一个三次平面图都是 3-边着色的"这个定理成立,就可以证明四色问题成立.

对于这个定理,可以运用数学归纳法进行证明.

(1) 在三次平面图的面数 $n=3$ 时,定理是成立的.

(2) 假设 $n=k$ 时,定理是成立的,来证明 $n=k+1$ 时,定理也是成立的. 这里,假设 $n=k$ 时,定理是成立的,是指有 k 个面的所有互不相同的三次平面图都是 3-边着色的. 下面,第 $k+1$ 面的边在图中用虚线表示.

1) 取一个有 k 个面的三次平面图 G 是 3-边着色的. 在 G 的外部面内,使第 $k+1$ 面的边 uv 交在 G 的一个外部边 ab 的 u,v 两点上,见图 9.1.1.

图 9.1.1   图 9.1.2

　　这样,就把 ab 边分成为 au,umv 和 vb 三个边.因为 ab 边原着 1 色,所以 au,umv 和 vb 三个边仍着 1 色.

　　于是,把 umv 边从原来所着的 1 色换色为 2 色,并把第 $k+1$ 面的边 uv 着 3 色后,就可以使有 $k+1$ 个面的三次平面图是 3-边着色的,见图 9.1.2.

　　2) 在图 G 的外部面内,使第 $k+1$ 面的边 uv 交在 G 的两个外部边 ab 和 cd 的 u,v 两点上,见图 9.1.3.

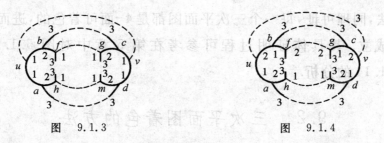

图　9.1.3　　　　　　　　　　　　图　9.1.4

　　这样,就把 ab 边分成为 au 和 ub 两个边,把 cd 边分成为 cv 和 vd 两个边.因为 ab 和 cd 两个边原来都着 1 色,所以 au,ub,cv 和 vd 边仍着 1 色.

　　根据边二色回路定理可知,ab 和 cd 边至少在一个边二色回路上.这里,在图 9.1.3 中,取 ab,bf,$\cdots$,gc,cd,dm,$\cdots$,ha 边在一个 1-2-1 边二色回路上.

　　于是,把 ub,bf,$\cdots$,gc 和 cv 边原来所着的 1,2,$\cdots$,2,1 色,分别换色为 2,1,$\cdots$,1,2 色,并把第 $k+1$ 面的边 uv 着 3 色后,就可以使有 $k+1$ 面的三次平面图是 3-边着色的,见图 9.1.4.

　　同理可证,在 G 的两个外部边 ab 和 cd 在一个 1-2-1 边二色回路上,而着不同的色时,有 $k+1$ 个面的三次平面图也是 3-边着色的.

　　同理可证,在 G 的外部面内,使第 $k+1$ 面的边交在 G 的其他任意两个外部边上,所形成有 $k+1$ 个面的所有三次平面图也都是 3-

边着色的.

根据三次平面图形成定理,同理可证,分别在其他有 k 个面的所有互不相同的三次平面图的外部面内,使第 $k+1$ 面的边交在一个或两个外部边上,所形成有 $k+1$ 个面的所有互不相同的三次平面图也都是 3-边着色的.

因此,每一个三次平面图都是 3-边着色的,进而四色问题成立.

同样,根据三次平面图形成定理和面二色通路定理,运用数学归纳法,同理可证,每一个三次平面图都是 4-面可着色的,进而四色问题成立. 其具体证明过程可参考在第 5 章中对图 5.1.11 至图 5.1.14 的分析.

9.2 三次平面图着色的方法

(1) 面着色的方法:任取一个三次平面图,见图 9.2.1. 先取该图中的面 1,2,3,4 这 4 个相邻面,分别着色为 $(1-A)$,$(2-B)$,$(3-A)$ 和 $(4-C)$,并给外部面 7 着色为 $(7-D)$,使这个图为 4-面可着色的,见图 9.2.2.

图 9.2.1   图 9.2.2

在图 9.2.2 中,增加图 9.2.1 中的面 5. 可是,面 5 的边所交的 $(3-A)$ 和 $(4-C)$,不在同一个面二色通路上. 可先把图 9.2.2 中的 $(1-A)$ 和 $(4-C)$ 分别换色为 $(1-C)$ 和 $(4-A)$,则 $(3-A)$,$(2-B)$ 和 $(4-A)$ 在一个 $A-B-A$ 面二色通路上,见图 9.2.3.再把 $(5-?)$ 着 C

色为 $(5-C)$，则图为 4-面可着色的，见图 9.2.4.

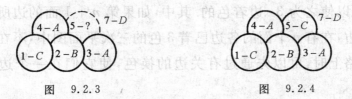

图　9.2.3　　　　　　　　图　9.2.4

在图 9.2.4 中，增加图 9.2.1 中的面 6. 这时，面 6 的边所交的 $(1-C)$ 和 $(5-C)$，在一个 $A-C-A$ 面二色通路上，见图 9.2.5. 把 $(6-?)$ 着 B 色为 $(6-B)$，则图为 4-面可着色的，见图 9.2.6.

另外，如果第 $n+1$ 面的边只交在有 n 个面的三次平面图 G 的一个邻外面上时，只要给第 $n+1$ 面着与这个邻外面和外部面均不相同的色，即可使有 $n+1$ 个面的三次平面图为 4-面可着色的.

图　9.2.5　　　　　　　　图　9.2.6

(2) 边着色的方法：根据 Tait 定理的推论所给出的，关于三次平面图的面着色和边着色的关系，可给图 9.2.6 的各边直接着色，则图为 3-边着色的，见图 9.2.7 和图 9.2.8.

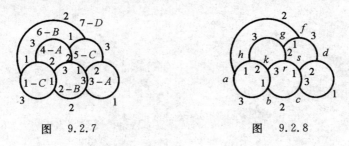

图　9.2.7　　　　　　　　图　9.2.8

　　当然,对图 9.2.1 也可以按照面着色的方法,逐个地给各面的边着色,以使之为 3-边着色的.其中,如果第 $n+1$ 面的边所交的两个外部边,在有 n 个面的各边已着 3 色的三次平面图中,不在一个边二色回路上时,可以先通过有关边的换色,使它们在一个边二色回路上.

　　推而广之,对于任何一个有 n 个面的三次平面图 G,都可以按以上办法,使 G 实现 4-面可着色或 3-边着色的.同时,可以使图 G 为多种互不相同的面或边着色图.

附　　　录

附录 1　树 的 图 解

说明:附图中有多个图的,各图编号中的两个数分别表示:互不同构的和互不相同的图的序号.第一个数相同的图是同构的.

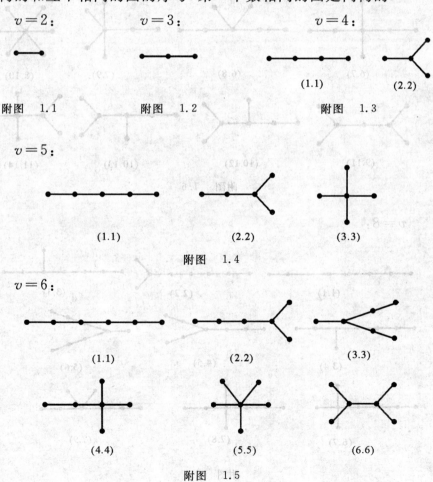

$v=2$:

附图　1.1

$v=3$:

附图　1.2

$v=4$:

(1.1)　　　(2.2)

附图　1.3

$v=5$:

(1.1)　　　(2.2)　　　(3.3)

附图　1.4

$v=6$:

(1.1)　　　(2.2)　　　(3.3)

(4.4)　　　(5.5)　　　(6.6)

附图　1.5

$v=7$：

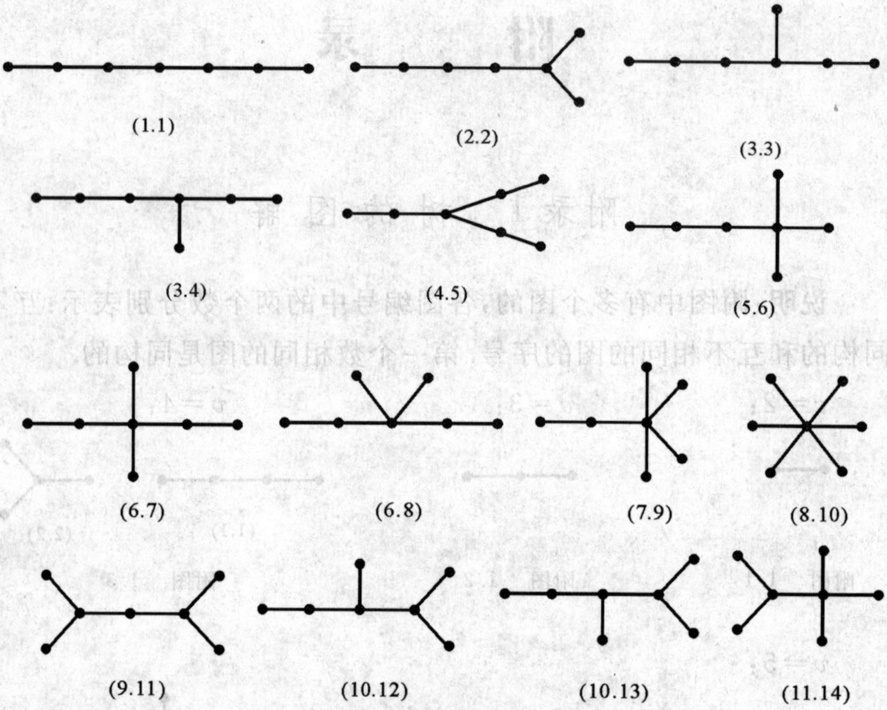

(1.1)   (2.2)

(3.3)

(3.4)   (4.5)

(5.6)

(6.7)   (6.8)   (7.9)   (8.10)

(9.11)   (10.12)   (10.13)   (11.14)

附图   1.6

$v=8$：

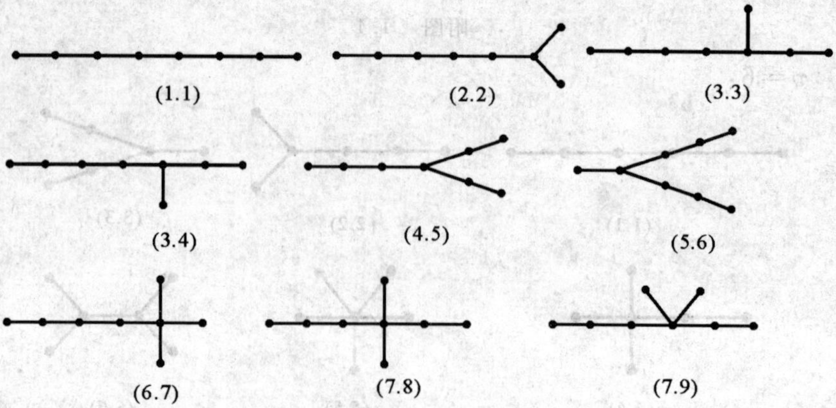

(1.1)   (2.2)   (3.3)

(3.4)   (4.5)   (5.6)

(6.7)   (7.8)   (7.9)

附图   1.7

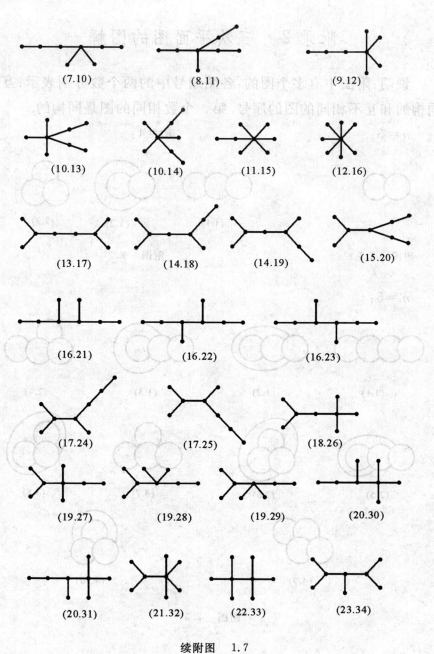

(7.10)　　　　(8.11)　　　　(9.12)

(10.13)　　(10.14)　　(11.15)　　(12.16)

(13.17)　　(14.18)　　(14.19)　　(15.20)

(16.21)　　　(16.22)　　　(16.23)

(17.24)　　　(17.25)　　　(18.26)

(19.27)　　(19.28)　　(19.29)　　(20.30)

(20.31)　　(21.32)　　(22.33)　　(23.34)

续附图　1.7

附录2 三次平面图的图解

说明:附图中有多个图的,各图编号中的两个数分别表示:互不同构的和互不相同的图的序号.第一个数相同的图是同构的.

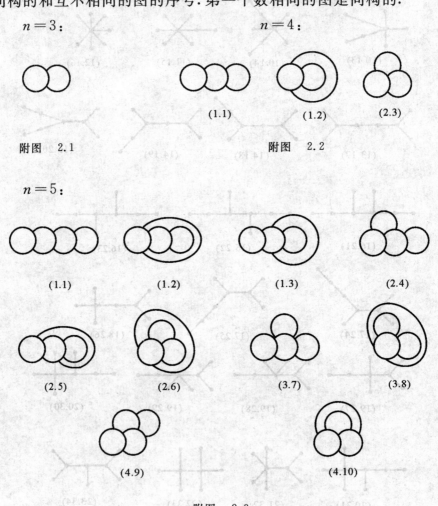

$n=3$:

附图 2.1

$n=4$:

(1.1)　　(1.2)　　(2.3)

附图 2.2

$n=5$:

(1.1)　　(1.2)　　(1.3)　　(2.4)

(2.5)　　(2.6)　　(3.7)　　(3.8)

(4.9)　　(4.10)

附图 2.3

$n=6$：

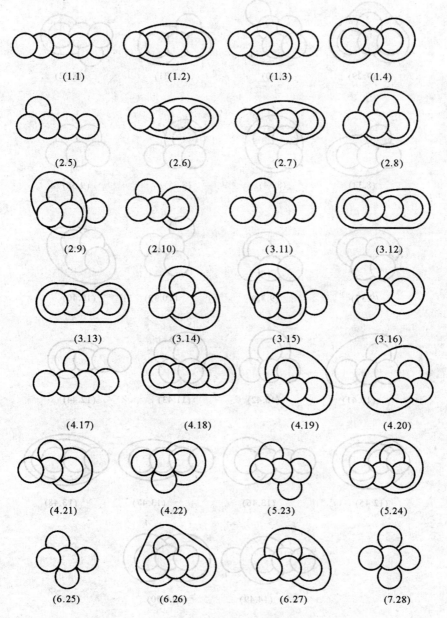

(1.1)　　　　　(1.2)　　　　　(1.3)　　　　　(1.4)

(2.5)　　　　　(2.6)　　　　　(2.7)　　　　　(2.8)

(2.9)　　　　(2.10)　　　　(3.11)　　　　(3.12)

(3.13)　　　　(3.14)　　　　(3.15)　　　　(3.16)

(4.17)　　　　(4.18)　　　　(4.19)　　　　(4.20)

(4.21)　　　　(4.22)　　　　(5.23)　　　　(5.24)

(6.25)　　　　(6.26)　　　　(6.27)　　　　(7.28)

附图　2.4

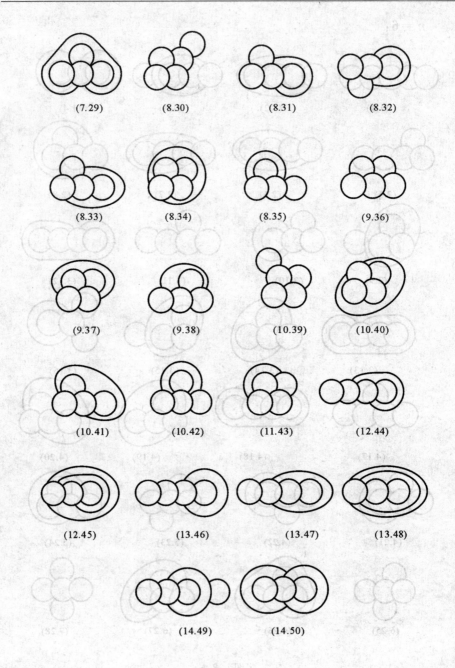

(7.29) (8.30) (8.31) (8.32)

(8.33) (8.34) (8.35) (9.36)

(9.37) (9.38) (10.39) (10.40)

(10.41) (10.42) (11.43) (12.44)

(12.45) (13.46) (13.47) (13.48)

(14.49) (14.50)

续附图 2.4

附录 3　相同的三次平面图

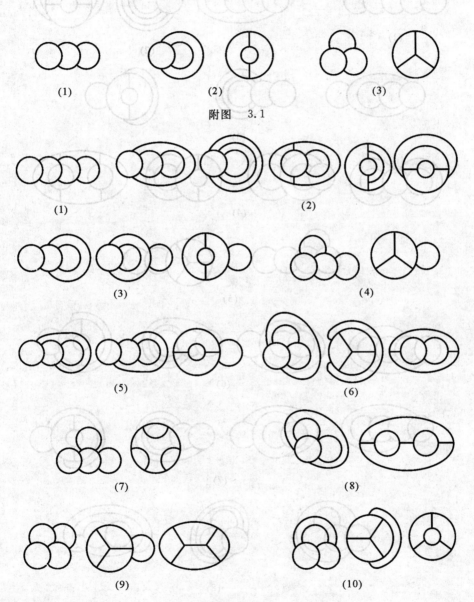

(1)　　　　　　　　(2)　　　　　　　　(3)

附图　3.1

(1)　　　　　　　　(2)

(3)　　　　　　　　(4)

(5)　　　　　　　　(6)

(7)　　　　　　　　(8)

(9)　　　　　　　　(10)

附图　3.2

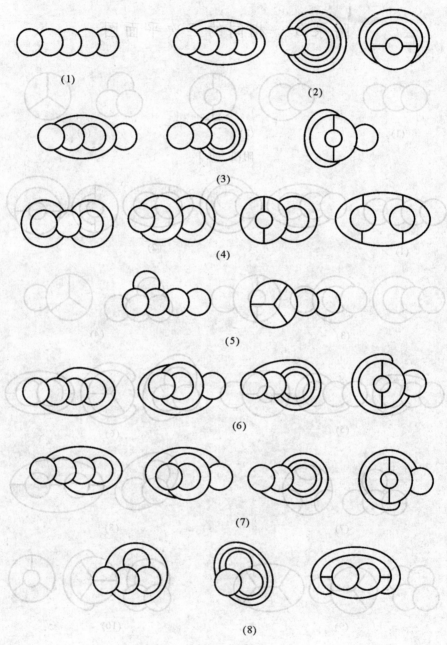

附图 3.3

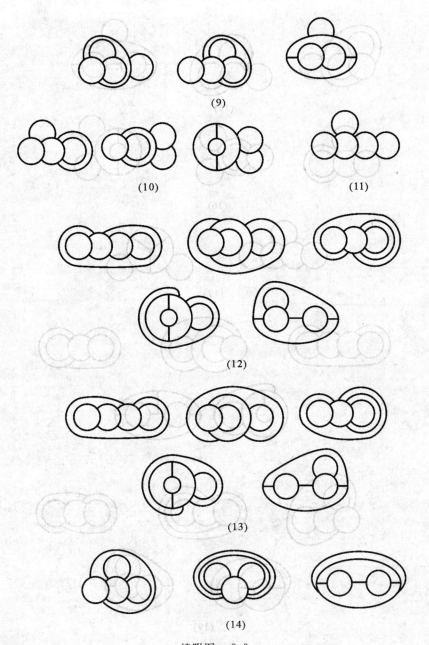

(9)

(10)　　　　　　　　　(11)

(12)

(13)

(14)

续附图　3.3

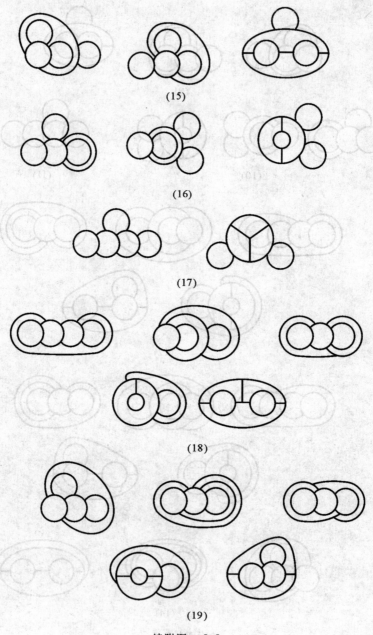

(15)

(16)

(17)

(18)

(19)

续附图　3.3

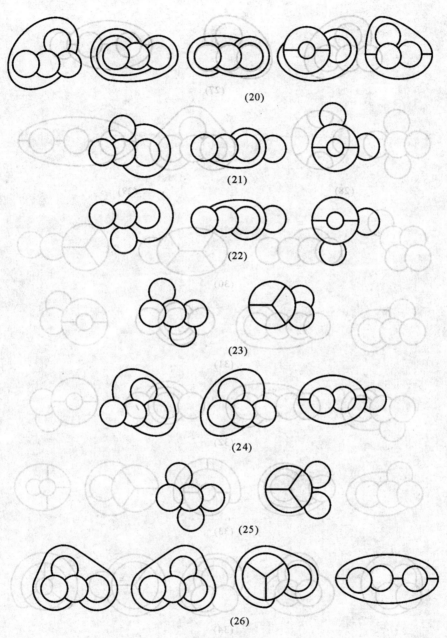

(20)

(21)

(22)

(23)

(24)

(25)

(26)

续附图 3.3

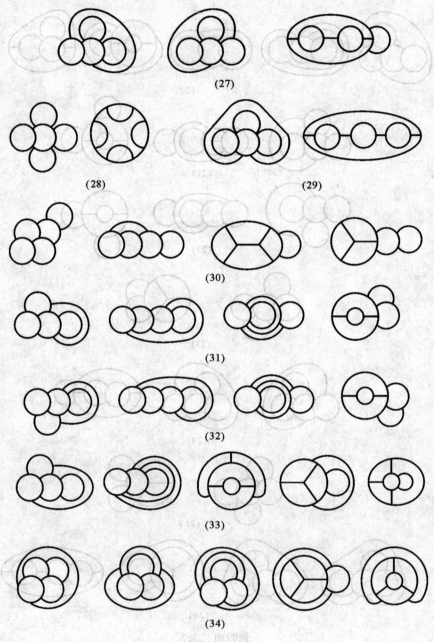

(27)

(28)   (29)

(30)

(31)

(32)

(33)

(34)

续附图   3.3

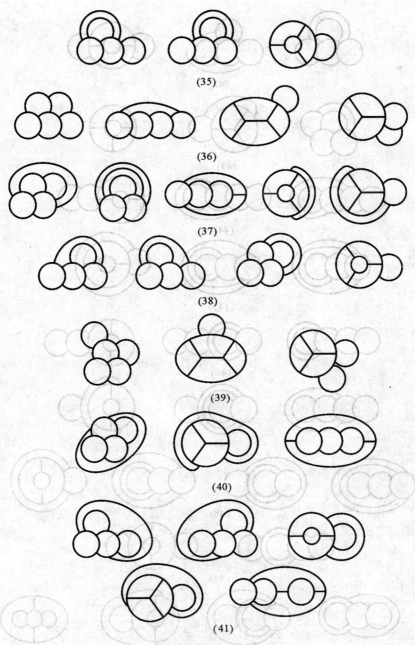

(35)

(36)

(37)

(38)

(39)

(40)

(41)

续附图　3.3

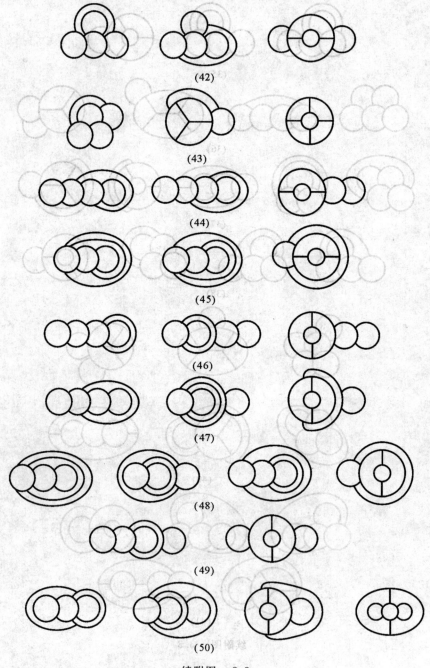

(42)

(43)

(44)

(45)

(46)

(47)

(48)

(49)

(50)

续附图　3.3

附录4 名词索引

说明：除了本书所用的以外，本索引还列出了有关的名词，供大家参考．

二画

二元域　two element field

三画

三角形　triangle
　　三角剖分　triangulation
子图　subgraph
　　生成子图　spanning ～
　　导出子图　induced ～
　　完全子图　complete ～
　　线性子图　linear ～
　　偶子图　even ～
亏格　genus

四画

分支　component
　　连通分支　connected ～
　　单侧分支　unilateral ～
　　弱支　weak ～
　　强支　strong ～
中心　center
公式　formula
　　欧拉公式　Euler ～
比赛图　tournament
不变量　invariant
元　entry
独立元　independent entries

元素　element
　　代表元素　representative ～
　　不可比元素
　　　　incomparable ～
方体　cube
片　fragment
计数　enumeration
双图　bigraph
　　完全双图　complete ～
方程　equation
分岐　ramification
分离　separate

五画

边　edge
　　外部边　exterior ～
　　内部边　interior ～
　　割边　cut-edge
　　重边　multiedge
长度　length
平方　square
　　平方根　square root
可平面性　planarity
　　外可平面性　outerplanarity
可行遍性　traversability
可递三元组　transitive triple

边缘 boundary
对角线 diagonal
对称的 symmetric
对偶 dual
  自对偶 self-dual
  几何对偶 geometric ～
  组合对偶 combinatorial ～
  对偶原则 duality principle
母图 supergraph
半通路 semipath
区域 region
  外部区域 exterior ～
正则的 regular
匹配 matching
  极大匹配 maximum ～
归纳法 induction
  数学归纳法 mathematical ～
  连续归纳法 continual ～
  连续数学归纳法
    continual math-induction
  超限归纳法 transfinite ～

六画

并 union
轨 orbit
阶 order
团 clique
权 weight
因子 factor
  因子分解 factorization
划分 patition

图划分 graphical ～
同构 isomorphism
  自同构 automorphism
同胚 homeomorphism
同态 homomorphism
  自同态 endmorphism
曲面 surface
  可定向曲面 orientable ～
合成 composition
网络 network
色数 chromatic number
色组 color class
色多项式 chromatic polynomial
回路 cycle
  二色回路 2 - coloring ～
  面二色回路
      2 - face coloring ～
  边二色回路
      2 - edge coloring ～
  哈密尔顿回路
      Hamiltonian ～
级数 series
后继 successor
关联的 incident
收缩 contraction
  初等收缩 elementary ～
问题 problem
  四色问题 four-color ～
  拉姆齐问题 Ramsey ～
  匹配问题 matching ～

地图　map

　　平面地图　plane ～

补图　complement

　　相对补图　relative ～

导图　derivative

伪图　pseudograph

多重图　multigraph

有向图　digraph

七画

拟图　graphoid

拟阵　matroid

块　block

形心　centroid

围长　girth

邻元素　neighbors

邻域　neighborhood

余树　cotree

余圈　cocycle

连通的　connected

　　不连通的　disconnected

连通度　connectivity

　　点连通度　point-connectivity

　　线连通度　line-connetivity

条件　condition

八画

和　sum

林　forest

弧　arc

　　多重弧　multiple arcs

弦　chord

环　loop

顶点　vertex

直径　diameter

环柄　handle

周长　circumference

空间　space

定向　orientation

函数　function

细分　subdivision

单形　simplex

图形　figure

图解　diagram

环面　torus

拉丁方　latin square

依附图　adjoint

单元素集　singleton

周期序列　periodic sequence

构形　configuration

　　可约构形　reducible ～

线　line

图　graph

二部图　bipartite ～

平凡图　trivial ～

简单图　simple ～

连通图　connected ～

不连通图　disconnected ～

无限图　infinite ～

无圈图　acyclic ～

元环图　toroidal ～

双色图　bicolorable ～

双根图　doubly rooted ～

不可分图　nonseparable ～

不可约图　irreducible ～

平面图　plane ～

可平面图　planar ～

外平面图　outerplane ～

外可平面图　outerplanar ～

三次平面图　cubic plane ～

可约图　reducible ～

正则图　regular ～

m-正则图

　　regular graph of degree m

m-色图　m-chromatic ～

m-可着色图

　　　　m-colorable ～

m-可迁图　m-transitive ～

m-可因子化图

　　　　m-factorable ～

m-连通图

　　　　m-connected ～

m-单可迁图

　　　　m-unitransitive ～

同构图　isomorphic graphs

区间图　interval ～

对称图　symmetric ～

对偶图　dual graphs

次对偶图　sub-dual graphs

导出图　derived ～

塔特图　Tutte ～

交换图　interchange ～

有根图　rooted ～

同谱图　cospectral graphs

完全图　complete ～

自补图

　　self-complementary ～

色图　color ～

团图　clique ～

交图　intersection ～

全图　total ～

块图　block ～

空图　empty ～

线图　line ～

素图　prime ～

可收缩的图　contractible ～

有方向的图　directed ～

色临界图　color-critical ～

希伍德图　Heawood ～

彼得森图　Petersen ～

柏拉图图　Platonic ～

哈密尔顿图　Hamiltonian ～

欧拉图　Eulerian ～

定向图　oriented ～

轮形图　wheel ～

单圈图　unicyclic ～

极端图　extremal ～

复合图　composite ～

星形图　star ～

标定图　labeled ～

临界图　critical ～

细分图　subdivision ～

割点图　cutpoint ～

迭线图　iterated line ～

迭置图　superposed ～

指定符号的图　signed ～

唯一可着色图

　　　　uniquely colorable ～

基本图　underlying ～

置换图　permutation ～

最小图　minimal ～

极大平面图

　　　　maximal plane ～

极大可平面图

　　　　maximal planar ～

树图　tree ～

定理　theorem

四色定理　four-color ～

五色定理　five color ～

泰特定理　Tait ～

明格尔定理　Menger ～

库拉托斯基定理

　　　　　Kuratowski ～

希伍德地图着色定理

　　Heawood map-coloring ～

约当曲线定理

　　　　　Jordan curve ～

波立亚计数定理

　　　Polya's enumeration ～

肯普定理　Kempe ～

惠特尼定理　Whitney ～

九画

面　face

外部面　exterior ～

内部面　interior ～

邻外面　adj-exterior ～

核　core

度　degree

顶点的度　degree of vertex

度序列　degree sequence

点　point

中心点　central ～

不动点　fixed ～

形心点　centroid ～

孤立点　isolated ～

相似点　similar points

临界点　critical ～

周点　peripheral ～

割点　cutpoint

端点　endpoint

迹　trace

交替迹　alternating ～

欧拉迹　Eulerian ～

相同的　identical

树　tree

平面树　plane ～

有向树　directed ～

定向树　oriented ～

有根树　rooted ～

着色树　colored ～

生成树　spanning ～

相邻的　adjacent

相邻性　adjacency

重数　multiplicity

重构　reconstruction

厚度　thickness

荫度　arboricity

度量　metric

复形　complex

　　单纯复形　simplicial ～

结合　conjunction

测地线　geodesic

十画

格　lattice

积　product

秩　rank

根　root

桥　bridge

　　无桥的　bridgeless

矩阵　matrix

通路　path

不相交通路　disjoint paths

二色通路　2 - coloring ～

面二色通路

　　　　2 - face coloring ～

通道　walk

十一画

基　basis

笼　cage

得分　score

移去　removal

维数　dimension

偏斜度　skewness

着色　coloring

m-着色　m - coloring

m-可着色　m - colorable

m-边着色　m - edge ～

m-面着色　m - face ～

m-面可着色

　　　　m - face colorable

完全着色　complete ～

泰特着色　Tait ～

猜想　conjecture

四色猜想　four-color ～

希伍德猜想　Heawood ～

泰特猜想　Tait ～

里德猜想　Read ～

乌拉姆猜想　Ulam ～

普卢默猜想　Plumer ～

哈德维格尔猜想

　　　　Hadwiger ～

十二画

联　join

缘　rim

嵌入　embedding

距离　distance

向量　vector

流　flow

集　set

　　子集　subset

有序集　well-ordered ～

割集　cutset

完全集　complete ～

独立集　independent ～

不可避免集　unavoidable ～

换色　interchange colors

链　chain

　肯普链　Kempe ～

群　group

　对群　pair ～

　交代群　alternating ～

　置换群　permutation ～

　指数群　exponentiation ～

　克莱茵四群　Klein four ～

　单位元素群　identity ～

十四画及以上

算子　operator

糙度　coarseness

幂　power

凝聚　condensation

覆盖　covering

十三画

数　number

　变数　intersection ～

　拉姆齐数　Ramsey ～

简单的　simple

源　source

参 考 文 献

[1] 贝尔热 C. 图的理论及其应用. 李修睦,译. 上海:上海科学技术出版社,1963.

[2] 阿佩尔 K,哈肯 W. 四色地图问题的解决. 刘为民,等,译. 科学,1978(4).

[3] 哈拉里 F. 图论. 李慰萱,译. 上海:上海科学技术出版社,1980.

[4] 史坦因豪斯 H. 数学万花镜. 裘光明,译. 上海:上海教育出版社,1981.

[5] 王朝瑞. 图论. 北京:高等教育出版社,1981.

[6] 邦迪 J A,默蒂 U S R. 图论及其应用. 吴望名,等,译. 北京:科学出版社,1984.

[7] 卡波边柯 M,莫鲁卓 J L. 图论的例和反例. 聂祖安,译. 长沙:湖南科学技术出版社,1988.

[8] 徐本顺,解恩泽. 数学猜想——它的思想与方法. 长沙:湖南科学技术出版社,1990.

[9] 张景中,冯勇. 有序集的一般归纳原理和连续归纳法. 科技导报,2008(6).

[10] Fritsch R,Fritsch G. The four-color theorem:History, topological foundations, and idea of proof. Springer-Verlag, 1998.

[11] Wilson R A. Graphs, colourings and the four-colour theorem. Oxford university press, 2002.

[12] Wilson R. Four colors suffice:How the map problem was solved. Princeton university press, 2004.

[13] SaatyT L, Kainen P C. The four-color problem:Assaults and conquest. Dover publications, 1986.

[14] JensenT R, Toft B. Graph coloring problems. Wiley-Interscience, 1995.

[15] Molloy M, Reed B. Graph colouring and the probabilistic method. Springer, 2001.

[16] Kubale M. Graph colorings. Amer. mathematical society, 2004.

[17] Ore O. The four-color problem. Academic press, 1967.

[18] Bondy J A, Murty U S R. Graph theory. Springer, 2008.

[19] Gonthier G. Formal proof-the four color theorem. Notices of the AMS, 2008(11).

[20] Chartrand G, Zhang P. Chromatic graph theory. Chapman and Hall/CRC, 2009.

后 记

一百多年来，人们为了证明四色问题，经历了千辛万苦. 然而，为什么长期以来没能找到四色问题的数学证明方法呢？根据我的分析，可能主要有以下三个原因：

（1）人们没有深入研究三次平面图的形成问题，面对千变万化的三次平面图，不能找出其中的内在形成规律.

（2）人们没能进一步地看到，如果一个三次平面图是4-面可着色的或3-边着色的，新增加面的边所交的两个邻外面或外部边，在经过有关一些面或边的换色后，可以在一个面二色通（回）路或边二色回路上.

（3）不久前提出的连续归纳法，给边二色回路定理的证明提供了强有力的数学工具.

其实，四色问题本身只包括两个方面的内容：

（1）三次平面图是什么状况？它有什么内在形成规律？

（2）如何给三次平面图着色，使之能实现4-面可着色或3-边着色？

这是我们在证明四色问题时，应该多加思考的.

当然，对于四色问题可能还有其他的数学证明方法，有待于人们去探索和发现. 关键在于，要从四色问题本身的特点出发，去寻找解决问题的方法，特别是比较简单的方法. 对于这些，不正是数学家们千百年来所追求的最高境界吗？

——2009 年 3 月 28 日写于成都
2011 年 6 月 8 日修改定稿